基于固体与分子经验电子理论的高强钢设计

王云飞 ◎ 著

HIGH STRENGTH STEEL DESIGN BASED ON EMPIRICAL ELECTRON THEORY OF SOLIDS AND MOLECULES

北京理工大学出版社
BEIJING INSTITUTE OF TECHNOLOGY PRESS

图书在版编目(CIP)数据

基于固体与分子经验电子理论的高强钢设计/王云飞著. --北京：北京理工大学出版社，2024.3

ISBN 978-7-5763-3781-5

Ⅰ.①基… Ⅱ.①王… Ⅲ.①高强度钢-设计 Ⅳ.①TG142.7

中国国家版本馆 CIP 数据核字(2024)第 072257 号

责任编辑：刘　派　　**文案编辑**：李丁一
责任校对：周瑞红　　**责任印制**：李志强

出版发行／北京理工大学出版社有限责任公司
社　　址／北京市丰台区四合庄路 6 号
邮　　编／100070
电　　话／（010）68944439（学术售后服务热线）
网　　址／http：//www.bitpress.com.cn

版 印 次／2024 年 3 月第 1 版第 1 次印刷
印　　刷／保定市中画美凯印刷有限公司
开　　本／710 mm×1000 mm　1/16
印　　张／10.5
字　　数／201 千字
定　　价／58.00 元

前　言

毁伤与防护材料是在高能率、高速率加载这一超常规条件下使用的特种材料，包括战斗部材料与装甲材料。这类材料所处的超常服役条件是在现代战争中由进攻武器与防卫系统的激烈对抗中形成的。这类材料的使用条件如此苛刻，其作用机理也是极其复杂的，要寻找或研制一种相应的高性能毁伤与防护材料自然就极为困难，往往需要投入大量的财力、人力和物力进行大量的试验，花费十年甚至几十年的时间才能完成。到目前为止，对战斗部材料和装甲防护材料与这种超常环境间的相互作用已经有了比较系统与科学的认识。但是，材料的设计缺少理论和方法的有效指导，基本采用“试错法”，既花费大量的人力、物力和财力，又难以使材料性能有大跨度的提升。迫切地要求提高设计具有很强超常环境适应能力的新材料的效率，并在设计方法上有所突破。另外，从 EET 被创立以来，已用其研究了多种金属的 VES 与静态物性之间的定量关系，但是并未涉及动态性能。

本书提出了用 EET 指导动态高强度钢的设计，使材料的设计深入到电子层次。全书共分 7 章：第 1 ~ 第 5 章利用静、动态加载条件下体积与应变率的关系，构建了新的价电子结构参数，改进了静态强度电子理论模型，提出了动态强度的电子理论模型，即绝热剪切和层裂情况的电子理论模型；第 6 章和第 7

章对中碳低合金钢 42CrNi2MoWV 进行了深入的研究，验证了所给出的设计模型。希望书中的成果能对从事相关领域研究的技术人员有所启发和借鉴。

受作者水平所限，书中难免存在疏漏和不妥之处，恳请广大读者批评指正。

王云飞

目　　录

第1章 绪论

1.1 本书的背景及意义

毁伤与防护材料是现代高技术战争中的“矛”和“盾”，对在新的作战形势下，能打赢一场高技术的局部战争起着重要的作用。从长远的发展来看，进攻是最好的防御。随着远程运载技术和精确制导技术的应用，对在战场上起决定性作用的毁伤和防护材料技术提出了更高的要求，又一次成为关注的焦点。对敌的高效毁伤和对己的有效防护在很大程度上取决于毁伤与防护材料的技术水平，因为它们构成了相关武器装备的关键技术。例如，21 世纪初，美国国防部明确提出研制一种“强劲地层穿透弹”，要求该导弹能够在地下深处爆炸而在地表只引起最小损害。打击目标包括用来生产核武器或化学武器的地下掩体，或者高层军事指挥部所在的经过加固的地下军事设施等。这种战术导弹要求其战斗部侵入目标内部足够深度以后爆炸，以获得最好的毁伤效果，它要求战斗部材料既要有优异的侵彻性能，又要在侵彻过程中保持结构完整。因为侵彻过程中的高能量、高加载速度使材料的失效方式发生变化，所以新型战斗部对材料提出了更高的要求。

毁伤与防护材料是在高能量、高加载速度这一超常规条件下使用的特种材料，包括战斗部材料与装甲材料。一是这类材料所处的超常服役条件是在现代战争中由进攻武器与防卫系统的激烈对抗中形成的；二是这类材料的使用条件相当苛刻，其作用机理也是极其复杂的，要寻找或研制一种相应的高性能毁伤与防护材料自然就极为困难，往往需要投入大量的财力、人力和物力进行大量的试验，花费十年甚至几十年的时间才能完成。到目前为止，对战斗部材料和装甲防护材料与这种超常环境间的相互作用已经有了比较系统与科学的认识。在此基础上，更迫切地要求提高设计具有很强超常环境适应能力的新材料的效率，并在设计方法上有所突破。

在毁伤与防护材料设计方面缺少科学的方法和有效指导，以致毁伤与防护材料的研究多年来沿用“试错法”，既难以对材料的性能进行优化，又花费了大量的财力，材料性能也难有大跨度的提升。同时，也因此使毁伤与防护材料的制备技术落后，加大了研制和应用的周期。新材料的研制源自新概念的提出，然而由于制备手段落后，设备不配套，往往在新概念材料提出后还要花很多年时间才能研制出相应的材料，材料制备与设计不能同步进行。只有解决了材料设计理论与方法后，毁伤与防护材料研究才能走上快速发展的道路，实现科学设计从被动到主动、从定性到定量发生质的飞跃，实现新材料的科学设计和低成本制造，为新一代高韧性、超高强度钢设计与性能预测奠定基础。

1.2 固体与分子经验电子理论的特点及应用

Cottrell 曾提出过从原子和电子结构层次计算合金宏观性质的思想。1999 年，C. W. Lung 和 N. H. March 在 *Mechanical Properties of Metals* 一书中预言，“未来将在合金电子结构与力学性能关系方面有重要突破”。程开甲院士指出，EET 的判别条件是第一原理的必然结果。

概括起来，第一原理（万物运动服从的基本原理）由四个方面构成：①牛顿力学三定律；②电动力学和相对论（狭义相对论）；③量子力学和测不准关系；④Pauli 不相容原理。所有其他定理都是它们的延伸，这里没有提到的热力学也只是第一原理在数学逻辑理论下的延伸。然而，事物是十分复杂的，其粒子数之多，边界条件之无穷尽，使我们即使有足够的第一原理，在缺少全部的边界条件且找不到航向和目标时，仍然会无济于事，甚至连大型计算机也变得无能为力。事实上，许多结果经常是很简单的，经验规律往往是一个复杂问题的答案。我们知道，从已知解出发可以提供采用第一原理解决实际问题的途径，从而发挥第一原理的巨大实际作用。因此，对于材料科学，尤其是对于凝聚态材料来说，将第一原理与经验规律相结合是开展研究的一条有效途径。

1978年，余瑞璜提出了“固体与分子经验电子理论”（Empirical Electron Theory of Solid and Molecules，EET），也称余氏理论。1998年，程开甲推导出EET的判别条件是第一原理的必然结果。从量子力学变分方法也可以看到，余氏理论选择参数的法则也是从第一原理出发的，EET中的总能量为

$$E = -b\left[\sum\left(\frac{I_a n_a}{D_a}\right)f + I_1 n_1 / D_1\right] \tag{1.1}$$

利用Lagrange乘子法求E的极小，可得

$$\delta\left|D_a - D_{am}\right|^2 = 0 \tag{1.2}$$

式中：D_{am}为D_a的极值。

倘若D_{am}为实测值D_{aexpt}，该解即多体问题的解。因此，利用余氏判别式

$$\delta\left|D_a - D_{aexpt}\right| < 0.005\ (\mathrm{nm}) \tag{1.3}$$

选择一套参数，与求总能量E的极值的泛函分析结果是等同的，这里的0.005 nm只是作为近似判别值。

由此可见，EET的判别条件实际上也是第一原理的必然结果，而非随意的拼凑。这些分析不仅为EET找到了理论依据，同时也验证了改进的理论——托马斯－费米－狄拉克（Thomas－Fermi－Dirac，TFD）理论，并使改进的TFD理论更具实用性，有助于探索从第一原理到实践的途径。

EET没有直接给出“电子波函数”或“原子、分子轨道”等信息，似乎难以建立起类似电荷密度的概念。但是，EET建立的基础是由量子力学等发展起来的化学键理论等，最重要的是给出了与材料宏观行为有着直接必然联系且又有简单对应关系的“经验”概念，如哑对电子、磁电子、共价电子和晶格电子等。因此，由EET的价电子结构分析结果就可能建立起类似于电荷密度，但又能直观反映物理意义且易于联系宏观性能的简洁图像。

自EET创立以来，学者们业已研究了各种材料的价电子结构（Valence Electron Structure，VES）与物性之间的定量关系。李文根据EET提出了金属间化合物价电子结构的空间分布模型，据此分析了TiAl的脆性本质。结果表明，TiAl脆性是由于均匀变形因子α引起的。同时表明，该模型与其他从电荷密度出发的电子理论研究相比，处理方法简单且物理意义明确。李金平等采用EET对C缺位的HfC_x缺位固溶体的价电子结构进行分析，并与HfC基体进行比较。发现随着x值的减小，即C原子缺位的增加，HfC_x固溶体的晶胞常数逐渐缩小，最强共价键数、最强共价键键能、共价键数的百分比逐渐减小，表明硬度、强度、结合能、熔点都逐渐下降；金属性逐渐增加，固溶体的韧性、导电性能、烧结性能逐渐改善。贾堤等应用EET，采用间距差分析方法，分析了金属间化合物TiMe（Me分别为Fe、Co、Ni、Pd、Pt、Au）的价电子结构，确定了Ti及Me元素在

这些合金中的状态，所贡献的共价电子数、自由电子数以及共价电子在总价电子中所占的比例。试验发现，随着合金中价电子数的增加，合金的马氏体相变温度 M_s 有上升的趋势，在此基础上计算的合金理论结合能与试验事实相符。李金泉等使用某小口径弹道炮，发射次口径脱壳尾翼稳定钨合金穿甲弹，分别侵彻 45 号钢及 30CrMnMo 钢靶板，发现残余弹体微观结构有明显不同。说明钨合金残余弹体的破坏特征与靶板性能有关。运用 EET 对两种靶板的价电子结构进行分析后发现，对于 45 号钢靶板，由于 C_2Fe 原子结合较弱，受冲击后对弹体产生的反作用力小，使残余弹体不产生剪切变形，头部的破坏特征为晶粒破碎及沿垂直侵彻方向的变形，宏观上表现为典型的蘑菇头状；对于 30CrMnMo 钢靶板，由于 C_2Mo 原子间的强烈结合，受冲击后对残余弹体产生很强的反作用力，使 W 合金残余弹体头部产生剪切破坏，具有一定程度的自锐化效应。陈岗提出了基于 EET 的高压相变模型。晶体结构中仅有几条键是随压强的增加而变弱的，尤其在发生相变的压强值附近时，弱化的键的强度比其他未弱化的键的强度要低得多。对于 $La_6NiSi_2S_{14}$ 和 $La_6CoSi_2S_{14}$，弱化的键是第九号键，并对其高压相变压强做出了估计，与试验值对比的结果比较令人满意；以及 W 的加入对 $MoSi_2$ 基固溶体合金 VES 和性能的影响，用 VES 参数分析出三类合金元素对钛合金马氏体转变的不同影响，镧系稀土元素的 VES 与熔点和结合能的关系，$Nd_2Fe_{14}B$ 的 VES 与磁矩和居里温度的关系。文献［12］引入单元硬度因子 f_H，用 VES 解释了 Fe－C 马氏体的硬度随含 C 量变化的试验结果。文献［13］利用 EET 预测 Fe－C－Cr 系高铬铸铁的淬硬性，得出 Cr∶C 碳质量比为 5.5～6.5 时，Fe－C－Cr 三元系高铬铸铁可获得最佳的淬硬性。文献［14］提出了共价晶体硬度计算的经验电子理论模型，并验证了具有 B3（SiC 型）结构的二元极性共价键化合物的理论硬度。文献［15］提出利用 VES 参数的统计值计算非调质钢的力学性能模型，并验证了热轧低碳钢 J510L 等钢种的理论强度。

另外，余瑞璜已将 EET 用于固体相变的研究中，最典型的工作是关于 $Ba_2YCu_3O_{9-\delta}$（$\delta=2$）超导体临界温度的计算。EET 对固体相变应用的基本思想是考虑构成晶体键络的稳定性问题。一旦键络被破坏，对应的晶体结构就同时被破坏，晶体就会发生结构相变。这样的考虑与 Buerger 的思想是一致的。

1.3 绝热剪切行为

绝热剪切是在高应变率下，材料塑性变形高度局域化的一种形式。其通常有两个基本特征：一是高速变形时，绝大部分热量来不及扩散，在热力学上，近似于绝热过程；二是塑性变形高度局域化，形成宽 1 ~ 100 μm 量级的窄带形区域，即绝热剪切带（Adiabatic Shear Band，ASB）。在绝热剪切过程中，ASB 内的温度有急剧升高和下降的过程（如温升可达 10^2 ~ 10^3 K，冷却速度可达 10^5 K/s）。同时，可发生 1 ~ 10^2 量级的剪应变，局部应变速率可高达 10^5 ~ 10^7 s^{-1}。由于这些极端情况，绝热剪切带从变形力学角度、材料微观组织和性质变化等角度均引起了广大学者的密切关注。

科学工作者对绝热剪切现象进行大量基础研究的目的是为了利用或限制绝热剪切变形局域化。例如，对于装甲材料，炮弹冲击导致的绝热剪切是主要的失效形式之一。对此情况，材料工作者须设法降低其绝热剪切敏感性，使其尽可能不发生绝热剪切，从而提高防护效果。相反，在另一些场合，需要利用绝热剪切现象，如制造动能穿甲弹材料，要求有强的剪切失稳性和绝热剪切敏感性，从而在侵彻过程中更易发生绝热剪切而出现"自锐"现象，提高穿甲效果。正是由于绝热剪切变形局域化研究具有重要理论研究价值和工程应用背景，欧美等发达国家对此开展了大量研究。其中最具有代表性的是美国军方研究办公室（The Army Research Office，ARO）和美国海军资助的 Wright 研究小组，他们于 2002 年出版了有关绝热剪切变形局域化物理、数学问题的专著 *The Physics and Mathematics of Adiabatic Shear Band*。原著中涉及大量物理、数学方面的模型、公式和方程，同时又由于问题的复杂性，在阅读原著时对一些问题的深入理解有一定的困难。因此，北京理工大学李云凯、孙川、王云飞等于 2013 年出版了中文译本《绝热剪切带的数理分析》，既保持了原意，又有利于学习和掌握，该书的出版对绝热剪切带的研究具有很大的参考价值。国内科研院所和高校，如中国科学院力学研究所、中国科学院金属研究所、中国科技大学和中南大学等单位也对绝热剪切现象进行了大量有意义的研究工作。

早期对绝热剪切带的微观观察表明，绝热剪切带有两种基本类型，即以应变高度集中、晶粒剧烈拉长和碎化为主要特征的形变带（Deformed Band），以及以发生相变或再结晶为主要特征的相变带（Transformed Band）。纯金属中产生的绝热剪切带大都属于形变带，而相变带经常产生于钢、Ti 合金及 U 合金中。绝热剪切带与等温变形带的主要区别是，绝热剪切带内的应变很大。一般钢中的绝热形变带内的剪应变约为 1，而马氏体钢中产生等温变形带的临界剪应变约为 0.034。同时，绝热形变带不具有明显的边界，而中心区很窄且清晰可见。有时可观察到小于 1 μm 的细小晶粒。由形变带附近的硬度测量结果显示，当接近形变带中心时，硬度逐渐增加。另外，相似的试验条件下，形变带宽度随硬度的增加而减小。钢中的相变带常因其高硬度和侵蚀后发亮的外观而被称为"白亮带"。20 世纪 70 年代，研究者们就对相变带的特征进行了深入的研究。估算

“白亮带”内剪应变高达100，局部应变率接近$10^6 \sim 10^7\ s^{-1}$。相变带宽度为10～100 μm，当材料硬度减小时，宽度稍有增加。Stelly等对AIS1040钢的研究结果表明，当硬度仅为30 HRC时，相变带的宽度为20～30 μm；而硬度为42 HRC时，相变带的宽度为10～20 μm。相变带具有很高的硬度，例如，AIS1040钢中的相变带硬度可达1 000 KHN_{25}，而邻近的形变带硬度也达到600 KHN_{25}，而且相变带的硬度随着钢中碳含量的增加而增加。

绝热剪切是高应变率加载硬化和绝热温升软化的共同结果，而高应变率下材料的本构关系和一维准静态条件下的本构关系有很大的差异。一般的材料（除混凝土等极少数情况）都会由于温升而造成性能降低，这一因素在一维准静态加载条件下是可忽略的。另外，一般材料都具有黏性特征，大多数都存在应变率硬化现象（除少数极端脆性材料存在反应变率硬化现象），这也是高应变率加载条件下材料所特有的现象。因此，高应变率加载条件下的本构关系一般要比一维准静态条件下材料的本构关系复杂得多。一般把这种具有应变率硬化和温度软化的材料本构关系称为热黏塑性材料本构关系。大量的文献发表了各种不同形式的材料热黏塑性本构模型。

1983年，Johnson和Cook发表了唯象本构关系（Johnson－Cook本构关系），该本构关系描述了材料的应变硬化效应、应变率硬化效应和热软化效应。Johnson－Cook模型简单地把应变、应变率和温度效应三部分连乘在一起，即

$$\sigma = (A + B\varepsilon^n)\left[1 + C\ln\frac{\dot{\varepsilon}}{\dot{\varepsilon}_0}\right][1 - (T^*)^m] \tag{1.4}$$

式中：A、B、C、n、m为5个需要试验确定的参数，其中，B为应变硬化系数；C为应变率敏感系数；T^*为熔点和参考温度（一般取室温）的函数；$\dot{\varepsilon}_0$一般为参考应变率。

Johnson－Cook模型由于形式简单，待测参数少（5个参数）、拟合参数容易，并且在趋势上基本反映了材料特别是金属材料的动态特性，因而应用最广，目前大多商用程序中的材料模块都配有Johnson－Cook模型方程选项。但是，从细节上，Johnson－Cook模型并不能完全反映材料的某些特点。其不足之处主要反映在：一方面，材料的硬化模量、温度系数、应变率敏感系数等是常量，但是实际上许多材料参量并不恒定，而且是随应变、应变率、温度变化而变化的量，因而在对材料有特别严格要求的情况下需要选用其他模型，或者对Johnson－Cook模型进行修正，修正后如参量或数过多时，应用起来就不是很方便；另一方面，Johnson－Cook模型是应力与宏观量应变、应变率和温度之间的关系，本构关系不涉及微观，未能反映应力与微观如晶格参数在动态加载下的变化及共价电子对数之间的关系。

Zerilli 和 Armstrong 在 Johnson - Cook 黏塑性本构模型的基础上进行了改进，Zerilli - Armstrong 模型有 6 个参数，是建立在热激活位错运动的物理机制上的模型。它考虑到体心立方（bcc）和面心立方（fcc）金属点阵的差别，指出：表征热激活过程的参数 A 在体心立方中更多地依赖于温度和应变率，而在面心立方金属中更多地依赖于应变，方程形式为

$$\sigma = C_0 + C_5\varepsilon^n + C_1\exp\left[-C_3T + C_4T\ln\left(\frac{\dot{\varepsilon}}{\dot{\varepsilon}_0}\right)\right] \tag{1.5}$$

式中：C_0、C_1、C_3、C_4、C_5为待试验确定和拟合参数；$\dot{\varepsilon}_0$ 为参考应变率。

相对于 Johnson - Cook 本构关系，Zerilli - Armstrong 本构关系有更为明显的物理意义和理论基础，但是由于其表达式较复杂，在实际运用中远不如 Johnson - Cook 本构关系广泛。

Wright 和 Batra 于 1985 年基于无极性和两极性黏性材料提出了 Wright - Batra 本构关系。对无极性材料，它的形式为

$$\tau = \tau_0\left[1 + \frac{\phi}{\phi_0}\right]^n[1 + b\dot{\gamma}]^m[1 - \alpha(\theta - \theta_0)] \tag{1.6}$$

式中：τ_0 为材料的屈服强度；ϕ_0、n 表征材料的应变硬化能力；b、m 表征材料的应变率硬化能力；α 表示材料的热软化能力；θ 为温度。

1.4 一维应变平板撞击

层裂是在 20 世纪初由 Hopkison 首先研究的，他同时指出，在动态条件下，钢的脆性也会增加。他描述了动态断裂的脆性表面特征（称为“晶裂”）和与之有关的小塑性变形。20 世纪 50 年代，Rinehart 用修正的 Hopkinson 技术对钢、青铜、黄铜和 Al 合金进行了系统的试验，并发现产生层裂需要一个临界拉应力（层裂强度）。他成功确定了在爆炸冲击作用下，金属材料内部冲击波幅值—时间关系曲线，并结合层裂痂片厚度等数据推导出了 5 种金属的层裂强度，同时建立了金属材料的多重层裂模型，为其后学者的研究奠定了理论基础，并积累了早期的试验数据。L. Davison 与 D. R. Curran 等对近几十年来在层裂研究领域的各种试验技术、测量诊断以及层裂过程的本构模型作了全面的进展报道，并总结认为，材料是否发生层裂破坏及其破坏程度主要取决于加载（拉伸）波强度、脉冲持续时间和材料本征特性。2003 年，T. H. Autoun 等对层裂研究的现状作了权威性评论，通过总结大量的试验结果，他们认为，层裂强度与加载应力和拉伸应变率相关，因而它不是一个材料的本征物性参数。同时，他们还总结了众多测量层裂的方法。

弹丸撞击靶板时将分别在靶板及弹丸中传播一个弹性前驱波，紧随其后的为塑性冲击波。若忽略幅值相对较低的弹性波的作用，则靶板及弹丸中的加载波分别与二者自由表面反射形成卸载波，并在靶板中相遇时产生拉伸冲击波。若该拉伸波幅值高于材料动拉伸强度极限，则材料内部将在一定位置发生动态断裂，即为层裂。层裂强度，即一维应变状态下的强度极限，是研究层裂现象时首要关注的对象。自第二次世界大战以来，层裂现象一直是研究的热点，因为弹和靶的层裂特征直接关系到侵彻能力及装药性的评估。在 20 世纪 50 年代初，Rinehart 确定了爆炸冲击载荷下金属内部冲击幅值—时间关系曲线，结合痂片厚度推导出 5 种金属的层裂强度，并建立了多重层裂模型。随后，通过爆轰加载或气炮驱动的一维应变平板撞击试验，并结合闪光 X 射线摄影等监测技术和先进的数值计算方法，Breed、Stevens 和 Tuler 等一批学者相继报道了各类常见金属材料的层裂强度。值得关注的是，Breed 等发现，随加载应力梯度的增大，各种金属材料层裂强度的变化规律不尽相同，如 Cu 和 Pb 的层裂强度线性增大，Al 的层裂强度存在极限值（约 5 GPa），而 Ni 在加载应力梯度达到约 63.3 $(\mathrm{GPa/cm})^{1/2}$ 时，其层裂强度增大速率变小。另外，Stevens 和 Tuler 的试验结果却显示，加载应力波幅值对 1020 钢和 6061 – T6 铝合金的层裂强度几乎无影响。这表明，金属材料本质属性对其层裂强度存在影响。

高精度任意反射面速度干涉仪（VISAR）和线成像光学记录速度干涉仪（ORVIS）等高精度瞬态物理量测量技术的发展，使材料层裂强度的估算变得相对简单。使用高精度瞬态物理量测量技术，在获得包含有层裂信号的材料自由表面速率—时间关系曲线后，即可导出其层裂强度。VISAR 及各类压力传感器的广泛运用，使一些常见金属的层裂强度被重新测定。

由表 1.1 及上述研究成果可知，绝大部分金属材料的层裂强度均非定值，而是随加载条件和环境及材料状态（如杂质元素含量、组织类型、晶粒尺寸等）的不同而有所变化，是一个与材料特性相关的物理量。此外，由大量试验表明，层裂并非瞬时发生，该过程除受拉伸冲击波幅值控制外，也与脉冲持续时间密切相关，这意味着层裂过程的物理本质是一个损伤累积过程。

表 1.1 一些金属材料的层裂强度

材料	加载方式	初始温度 T/K	层裂强度 σ_{sp}/GPa	报道年份	报道者
Al	E	RT	1.83 ~ 5.00	1967	Breed B R, et al.
	E + P	293 ~ 927	1.25 ~ <0.05	1996	Kanel G I, et al.
	G + P	RT	0.89 ~ 1.38	2007	Trivedi P B, et al.

续表

材料	加载方式	初始温度 T/K	层裂强度 σ_{sp}/GPa	报道年份	报道者
2024 - T4 铝合金	E	RT	0.97	1951	Rinehart J S.
	G + P	RT	1.17 ~ 1.75	1983	Rosenberg Z, et al.
6061 - T6 铝合金	G + P, E	RT	0.96 ~ 1.42	1971	Stevens A L, et al.
Ti	G + P	293 ~ 1273	3.51 ~ 1.92	2008	Zaretsky E B.
Ti - 6Al - 4V 合金	G + P	RT	4.10 ~ 5.00	1987	Me - Bar Y, et al.
	E + P	RT	4.30 ~ 4.40	2000	Razorenov S V, et al.
	G + P	RT	3.32 ~ 4.18	2000	Dandekar D P, et al.
	G + P	588 ~ 786	4.47 ~ 4.30	2001	Arrieta H V, et al.
	G + P	RT	3.65 ~ 5.03	2010	Divakov A K, et al.
Ti - 6 - 22 - 22S 合金	E + P	293 ~ 893	4.16 ~ 3.63	2003	Krüger L, et al.
1020 钢	E	RT	0.90 ~ 1.59	1951	Rinehart J S.
	G + P	RT	1.53 ~ 1.70	1971	Stevens A L, et al.
Ni	E	RT	5.56 ~ 9.94	1967	Breed B R, et al.
	I	RT	5.90	2001	Baumung K, et al.
IN738LC 合金	I	293 ~ 859	5.75 ~ 4.0	2001	Baumung K, et al.
Cu	E	RT	2.76 ~ 2.97	1951	Rinehart J S
	L + P	RT	1.46 ~ 1.49	2010	Wayne L, et al.
Mg	E + P	293 ~ 880	1.02 ~ 0.35	1996	Kanel G I, et al.
V	L	RT	4.40 ~ 8.80	2010	Jarmakani H, et al.
Mo	I	RT	1.32 ~ 2.4	1993	Kanel G I, et al.

注：①加载方式中：E 为炸药爆轰（Explosive Detonation）；G 为气炮加载（Gas Gun）；I 为高能粒子束（Ion Beam）；L 为激光辐照（Laser Irradiation）；P 为一维应变平板撞击（Plate Impact）。

②初始温度中，RT 为室温（Room Temperature）。

在试验中测量层裂的方法有多种，如锰铜压力计方法、电容器方法等。目前，广泛使用的是自由面速度剖面测量方法，用这种方法可以得出在对称碰撞情况下材料的层裂强度和层裂片的厚度公式。目前，自由面速度剖面测量方法中最常用的仪器是 VISAR，它可以测量靶板的自由面粒子速度—时间关系曲线，从而可以确定材料的 Hugoniot 弹性极限、层裂强度、应变率以及层裂片厚度等参数，可以为钻地武器用材料的工程设计提供试验依据。

一般而言，在获得包含有层裂信号的材料自由面粒子速度—时间关系曲线后，其层裂强度 σ_{sp} 可用下式计算：

$$\sigma_{sp} = \frac{1}{2}\rho_0 C_b \Delta u_{fs} \tag{1.7}$$

式中：ρ_0 为材料初压密度；C_b 为其初压体积声速；Δu_{fs} 为回跳速度，即 Hugoniot 状态峰值速度与层裂（回跳）信号出现前的最小速度之差，如图 1.1 所示。

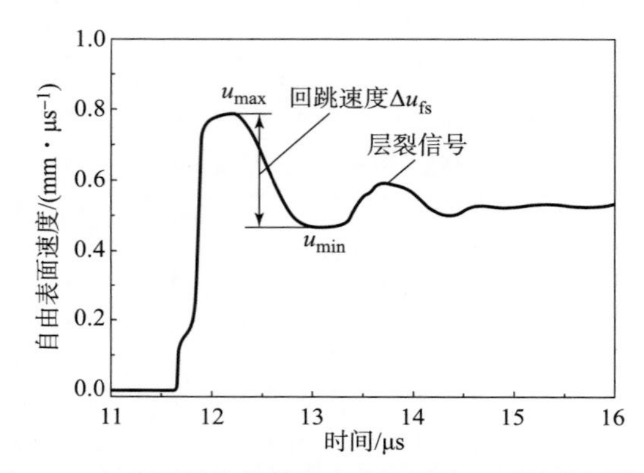

图 1.1　包含层裂信号的自由表面速度—时间关系曲线

此外，Stepanov 曾指出，对于弹—塑性材料，考虑到其发生层裂时应力波传播的实际过程，式（1.7）应修正为

$$\sigma_{sp} = \frac{1}{2}\rho_0 C_b \Delta u_{fs} \frac{1}{1 + C_b/C_1^e} \tag{1.8}$$

式中：C_1^e 为材料在一维应变状态下的弹性纵波波速。

在利用配备 VISAR 的轻气炮对不同材料进行一维应变平板撞击方面，国内外学者作了较深入的研究。

H. Nahme 和 E. Lach 利用配备有 VISAR 的一级轻气炮对 Mars 190、Mars 240 及 Mars 300 三种装甲钢进行了一维应变平板撞击试验，测定了在大于 $10^4\ s^{-1}$ 的应变率条件下三种钢的 Hugoniot 弹性极限、层裂强度、冲击波速度—粒子速度关系和应力—应变关系。数据显示，在高的冲击速度下，材料的层裂强度明显降低。通过分析撞击后的试样，发现在试样中间部位除了有层裂产生外，还有绝热剪切带产生，从而认为发生层裂的过程并不是一步，而是两步。Bradley E. Martin 和 Philip J. Flater 等对热处理过的埃格林钢合金（ES－1）分别在 400 m/s 和

1 000 m/s 速度下进行了对称碰撞试验，用 VISAR 测定了冲击波速度—粒子速度关系，得出它的 Hugoniot 弹性极限。此外还发现，层裂强度与材料的高压相变没有关系，这对于进一步研究材料的层裂和相变有重要的启示。用同样的方法，A. V. Pavlenko 和 S. N. Malyugina 等对 12Cr18Ni10Ti 钢在 290 ~ 750 K 的温度范围内的层裂强度作了相关的研究。发现温度在低于约 520 ℃范围内，层裂强度是随温度的升高而降低的。认为这可能是由于这种钢的晶格在低于 520 ℃时是相对不太稳定的，容易发生相变，因而容易发生层裂。

在国内，中国工程物理研究院流体物理研究所冲击波物理与爆轰物理实验室对一维应变平板撞击方面作了深入的研究。张林、张祖根和秦晓云等通过对称碰撞研究了 D6AC、921 钢和 45 钢的动态损伤与破坏行为。利用自由面速度的双波结构，结合材料在常压下的弹性纵波声速，确定了三种钢的低压 Hugoniot 关系，同时给出了三种钢的弹性 Hugoniot 屈服极限以及层裂强度。桂毓林、刘仓理等利用配备有 VISAR 的一级轻气炮作为加载手段，对 AF1410 钢、无 Co 合金钢的层裂特性进行了研究，获得了它们的 Hugoniot 关系、塑性应变率、层裂强度以及层裂片厚度等动态力学参数。对回收的 AF1410 钢样品进行了断口分析和金相分析，分别从宏、微观角度分析了 AF1410 钢在不同应变率下的断裂特性，认为 AF1410 钢在高应变率下是以两种机制混合发生的断裂。其中，在较低应变率下以绝热剪切带变形与破坏为主导机制，而在较高应变率下以微孔汇聚型韧性断裂为主导机制，绝热剪切现象减弱。无 Co 合金钢则是微量塑性变形引起的韧性断裂和大塑性变形后的韧性破坏两种机制的混合断裂，而且对绝热剪切不敏感。2010 年，李英华和张林报道了两种材料的低压 Hugoniot 特性试验研究，他们在一级轻气炮加载下，利用 VISAR 测量了一种镁合金与一种钢的自由面速度曲线，试验剖面含有典型弹塑性、损伤断裂信息。在考虑弹塑性波的相互作用后，他们获得了材料的塑性波速度、波后粒子速度及拟合的低压段 D—u 直线，并计算得到镁合金与钢的平均 Hugoniot 弹性极限分别是 0. 25 GPa 和 1. 6 GPa，平均层裂强度分别为 0. 83 GPa 和 4. 2 GPa。

1.5 本书选题依据及主要研究内容

在上述文献中，EET 方面没有涉及动态性能。另外，不但 $10^3 \sim 10^4\ s^{-1}$ 应变率下的材料设计缺乏理论指导，而且 $10^5 \sim 10^6\ s^{-1}$ 应变率下的材料也需要建立层裂强度与材料成分、性能、组织和结构间的关联，以指导材料的设计。

一维准静态（应变率 $10^3\ s^{-1}$）压缩下，无论弹性段还是塑性段，往往假设体积变化为零，体积应力也为零，但这个假设不完全符合事实。而在一维应变（应变率 $10^5 \sim 10^6\ s^{-1}$）压缩下，体积引起的应力占主导，形状变化引起的应力占比反而相对较小，甚至可以被忽略。一个合理的推测：体积变化和体积应力存在于各种应变率（$0 \sim 10^6\ s^{-1}$）加载的各个阶段；而体积变化又为计算加载下的VES提供了可能。基于上述考虑，本书的主要研究内容如下。

（1）在应变率 $0 \sim 10^6\ s^{-1}$ 范围内，利用文献法和演绎法得出体积应力占总应力的比例的规律。

（2）通过推理演绎和验证，建立绝热剪切带产生与体积应力所占比例的关系，并从体积应力和形变应力的角度，对应力塌陷现象进行新的解释。

（3）根据体积变化和晶格参数变化的关系，以及VES结构与静态及动态强度的关系，首先建立基于固体与分子经验电子理论的静态强度模型、绝热剪切强度（指SHPB杆压缩试验，即可能产生绝热剪切带的压缩强度）模型和层裂强度模型；然后根据强度模型设计一种钢，通过对比强度计算值、一维应变平板撞击、SHPB撞击及静态实验值来验证模型的可靠性。

参考文献

[1] LUNG C W, MARCH N H. Mechanical Properties of Metals [M]. Beijing: World Book Publishing Company, 1998: 64.

[2] 刘志林，李志林. 界面电子结构与界面性能 [M]. 北京：冶金工业出版社，2002.

[3] 程开甲，程漱玉. 论材料科学的基础 [J]. 材料科学与工程，1998，16 (1)：2-8.

[4] 李文. 金属间化合物的价电子结构空间分布模型 [J]. 中国有色金属学报，1999，9 (S1)：255-259.

[5] 李金平，孟松鹤，张幸红. HfC_x缺位陶瓷的价电子结构与性能 [J]. 稀有金属材料与工程 2009，38 (10)：29-32.

[6] 贾堤，董治中，于申军. TiMe 合金的价电子结构分析及结合能计算 [J]. 稀有金属材料与工程，1998，27 (3)：152-155.

[7] 李金泉，黄德武，王敏杰. 不同装甲靶板价电子结构对钨合金穿甲弹变形特征的影响 [J]. 材料工程，2010，7：59.

[8] PENG K, YI M Z, RAN L P. Effect of the W addition content on valence electron structure and properties of $MoSi_2$ - based solid solution alloys [J]. Materials

Chemistry and Physics, 2011, 129 (3): 990 - 994.
[9] LIN C, YIN G L, ZHAO Y Q. Analysis of the effect of alloy elements on martensitic transformation in titanium alloy with the use of valence electron structure parameters [J]. Materials Chemistry and Physics, 2011, 125 (3): 411 - 417.
[10] 孟振华，李俊斌，郭永权．稀土元素的价电子结构和熔点、结合能的关联性 [J]. 物理学报，2012，61 (10)：1071011 - 1071017.
[11] 吴文霞，郭永权，李安华，等．$Nd_2Fe_{14}B$ 的价电子结构分析和磁性计算 [J]. 物理学报，2008，57 (4)：2486 - 2492.
[12] 张建民．Fe - C 马氏体硬度的价电子结构 [J]. 陕西师范大学学报 (自然科学版)，2001，29 (1)：31 - 37.
[13] 孙志平，沈保罗，王均．利用 EET 理论预测 Fe - C - Cr 系高铬铸铁的淬硬性 [J]. 四川大学学报 (工程科学版)，2004，36 (6)：70 - 73.
[14] 罗晓光，李金平，胡平．共价晶体硬度计算的经验电子理论模型 [J]. 科学通报，2010，55 (19)：1957 - 1962.
[15] 刘志林，林成．合金电子结构参数统计值及合金力学性能计算 [M]. 北京：冶金工业出版社，2008：68.
[16] WRIGH T W. 绝热剪切带的数理分析 [M]. 李云凯，孙川，王云飞，译．北京：北京理工大学出版社，2013：1.
[17] ROGERS H C, SHASTRY C V. In Shock Waves and High - Strain - Rate Phenomena in Metals [M]. New York: Plenum Press, 1981: 285.
[18] STELLY M, LEGRAND J, DORMEVAL R, et al. In Shock - Wave and High - Strain - Rate Phenomena in Metals [M]. New York: Plenum Press, 1981: 113.
[19] ROGERS H C. 29th Sagamore Army Materials Research Conf [C]. New York: Plenum Press, 1983: 101.
[20] 张林，张祖根，秦晓云．D6A、921 钢和 45 钢的动态破坏与低压冲击特征 [J]. 高压物理学报 2003，17 (4)：305 - 310.
[21] 桂毓林，刘仓理，等．AF1410 钢的层裂断裂特性研究 [J]. 高压物理学报，2006，20 (1)：34 - 38.
[22] 桂毓林，王彦平，刘仓理．无钴合金钢的冲击响应实验研究 [J]. 高压物理学报，2005，19 (2)：127 - 131.
[23] 桂毓林，刘仓理，等．无钴合金钢的层裂断裂及数值模拟研究 [J]. 爆炸与冲击，2005，25 (2)：183 - 188.

[24] 李英华，张林. α－锆低压动态力学特性研究［J］. 高压物理学报. 2010，21（2）：188－192.

[25] 王礼立. 应力波基础［M］. 北京：国防工业出版社，2010.

[26] 谭华. 实验冲击波物理导引［M］. 北京：国防工业出版社，2007.

第2章 应力状态的张量分析与 EET

对应力状态的张量分析要考虑应力球张量和应力偏张量；而对应变状态的张量分析要考虑应变球张量和应变偏张量。加载时，材料质量不变，而应力球张量会变化，体积也会发生改变。而 EET 要计算确定体系的价电子结构，同时根据 EET 得到的价电子结构就会变化。体积变化是连接应力状态的张量分析与 EET 之间的“纽带”。本书首次提出把应力状态的张量分析中球张量的变化用于固体与分子经验电子理论的价电子结构计算中。

2.1 应力状态的张量分析

一般对于应力状态的张量分析中的多重方向性难以理解，究其原因是刚体（质心）模型观念的根深蒂固，认为一个点上的所有的力，总能合成三个方向上的力。刚体（质心）模型并不能完全反映客观事实，只有放弃它，才能理解应力状态有九个方向，且不能叠加成三个方向。应力状态分为两个部分：一部分代表体积变化，称为球张量；另一部分代表形状改变，称为偏张量，任何加载过程中都会有体积变化和形状变化。以往的研究为了简化，通常把一维应力静态和动态压缩过程（应变率 $10^3 \sim 10^4\ s^{-1}$）中试样的体积变化和对应的应力球张量忽略；而根据相关文献和作者的演绎，这种体积变化虽小，但应力球张量占总应力的 1/3 及以上。研究体积变化会发现有趣的结果。

2.1.1 一维准静态加载中的应力球张量

一维应力准静态（应变率约为 $10^{-3}\ s^{-1}$）压缩弹性段应力与应变的关系符合胡克（Hook）定律：

$$\sigma = E\varepsilon_x \tag{2.1}$$

式中：E 为弹性模量；ε_x 为压缩方向上的应变。而另外两个垂直方向上的应变 ε_y、ε_z可表示为

$$\varepsilon_y = \varepsilon_z = -\frac{\nu}{E}\sigma_x = -\nu\varepsilon_x \tag{2.2}$$

式中：ν 为泊松比。

总体积应变近似地等于三个方向上的应变之和，即

$$\Delta = \varepsilon_x + \varepsilon_y + \varepsilon_z = (1-2\nu)\varepsilon_x \tag{2.3}$$

体积模量为

$$K = \frac{E}{3(1-2\nu)} \tag{2.4}$$

体积变化引起的应力为

$$-p = k\Delta = \frac{E}{3(1-2\nu)} \times (1-2\nu)\varepsilon_x = \frac{1}{3}E\varepsilon_x \tag{2.5}$$

此阶段体积变化引起的应力占总应力的 1/3，数值上不应被忽略。王礼立曾以其他形式表现这个结论，如图 2.1 所示。

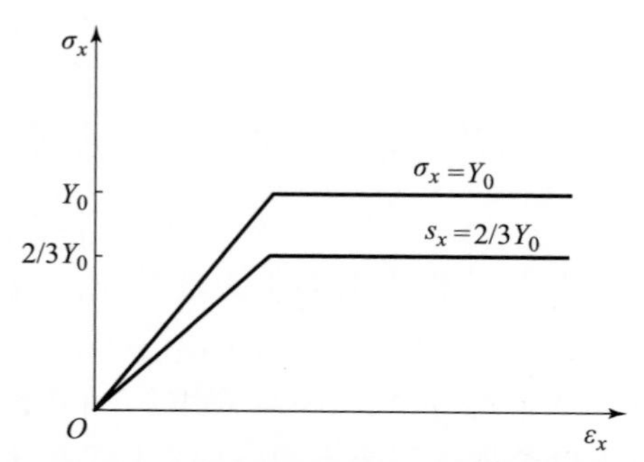

图 2.1　一维应力下理想塑性材料的总应力和形变应力

在一维准静态压缩的塑性阶段，因为体积没有变大，所以由体积引起的应力不会减小。然而根据卸载过程应力应变斜率与弹性阶段斜率相等这一情况可以推测，在塑性阶段由体积引起的应力始终为总应力的 1/3。

2.1.2　动态加载中的应力球张量

在一维应变（应变率为 $10^5 \sim 10^6 s^{-1}$）压缩下，由体积引起的应力，应力球张量占主导；由形状变化引起的应力，应力偏张量可以忽略。

一维应变的体积（密度）与速度的关系为

$$\frac{\rho_0}{\rho} = \frac{D - u}{D - u_0} = 1 - \frac{u - u_0}{D - u_0} = \frac{V}{V_0} \tag{2.6}$$

式中：ρ_0、ρ 为波前、波后材料的密度；V_0、V 为压缩前、压缩中临界卸载时的体积；u_0、u 为波前、波后物质相对于实验室坐标系的运动速度；D 为冲击波速度。

此处，初速度为

$$u_0 = 0 \tag{2.7}$$

物质速度、波速与材料的体积（密度）有如下关系：

$$\frac{u}{D} = \frac{u - u_0}{D - u_0} = 1 - \frac{V}{V_0} = 1 - \frac{\rho_0}{\rho} \tag{2.8}$$

一维准静态（应变率约为 $10^{-3}\ s^{-1}$）加载时，应力球张量所占比例为 1/3，而一维应变平板撞击（应变率为 $10^5 \sim 10^6\ s^{-1}$）加载时，应力球张量所占比例接近 1。可以推测，在一维应力（应变率 $10^3 \sim 10^4\ s^{-1}$）加载时，应力球张量所占比例大于 1/3 且小于 1。

2.2　固体与分子经验电子理论

1978 年，余瑞璜院士在量子力学、Pauling 理论、能带理论、价键理论、电子浓度理论的基础上，对大量的包括中子衍射、电子衍射、穆斯鲍尔效应、回旋共振和正电子湮没等现代试验结果进行了系统分析，结合周期表上前 78 种元素、上千种晶体和分子结构，对一般的合金相图及一系列物理性能资料进行了检验和全面总结，提出了固体与分子经验电子理论（EET）和计算价电子结构（VES）的键距差（BLD）方法。EET 通过对过渡族原子 s、p、d 价电子和等效 s、p 的 d 电子进行区分，把 Pauling 的化学键和 Hume - Rothery 的过渡族元素原子的金属价的矛盾统一起来，并阐明了 Hume - Rothery 电子浓度规则中过渡元素金属价为零价的物理实质。对于点阵参数已知的晶体结构，EET 能给出晶体中键络上的电子分布和原子所处的状态，用来计算晶体的结合能、熔点、合金相图等，使材料设计深入到电子尺度。

EET 主要包括了四个基本假设，同时采用了键距差方法（BLD）确定各类原子的杂化状态，并以此为基础描述晶体的价电子结构，进而通过已知的键络情况，为金属的性能、固体相变等许多研究提供一定的理论基础。

2.2.1 EET 对价电子的分类

EET 根据价层电子在原子结合成分子或固体时的分布和作用特点，将其分为以下四类。

（1）共价电子（n_c）。这是价电子层中单占据轨道的一种电子，在原子间相互结合时，它们将与附近的其他原子中一个单占据轨道中自旋与其相反的价电子相互配对，共同占据这两个原子共有的轨道，形成两个成键原子共有的电子对。这种公有化的电子对是原子间结合的主要基础。形成共价结合的分子或固体中原子的价数就是共价电子数。

（2）晶格电子（n_l）。晶格电子是余瑞璜引入的一个新概念，指的是在由多个原子组成的固体体系内，处于由 3 个、4 个甚至是 6 个以上的原子所围绕的空间内的价电子。这些价电子既不是分布在它们所属的原子内，也不是处于成键两原子的连线上，而是处于一个比较广阔的、由 3 个或更多原子围成的空间内。它们对原来电子轨道的占据可以是满填的，也可以是单占据的。由于它们在晶格间隙空间内比较自由地分布（游荡）——它们在同一原子轨道上的一对电子原来可能布局在同一能带内的不同能级上——因此即使在原来的电子中处于同一轨道内，但是，它们在晶体内比较远离原来的原子。在晶体能带内，对这一对电子来说已没有彼此必须自旋相反的要求。

（3）哑对电子（n_d）。在价电子层中，由两个自旋相干的电子占据同一个轨道，在原子相互结合时仍保持在原来的原子内而不发生公有化。这样一种满轨道的电子对被称为哑对电子或孤对电子，哑对电子不直接参与原子间的结合，但它影响其他电子的结合行为。

（4）磁电子（n_m）。这里的磁电子是价层的一种半满轨道（单占据轨道）中的电子，它在原子间相互结合时保持在原来的原子内而不发生公有化，一般称为非键电子。由于这种电子一般是原子磁矩的主要来源，因此称为磁电子。

从价电子在分子或固体中的分布区域来看，上述四种价电子可以分为两类：①保持在原来原子内的原子式电子，包括哑对电子和磁电子；②不同程度地对原来原子发生离域的公有化电子，包括共价电子和晶格电子。

按照 EET 的价电子分类，共价电子、磁电子都是单占据的，晶格电子也可以是单占据的。由于磁电子是原子式电子，晶格电子不分布在“键”上，它们都不直接参与原子间的化学键合，因此这两类电子数不在计算原子价时加入。在 EET 中，原子价数只与共价电子数有关。

2.2.2　四个基本假设

EET 理论主要以四个基本假设和一个计算方法为基础，这四个基本假设如下。

假设一：固体与分子中的每个原子一般由两种原子状态杂化而成，它们分别称为 h 态和 t 态，其中至少有一种原子态是基态或靠近基态的激发态。它们都有自己的共价电子数 n_c、晶格电子数 n_l和单键半距 $R(I)$。

假设二：h 态和 t 态的杂化是非连续的，而且杂化成分由下式给出：

$$k = \frac{t'l' + m' + n'}{tl + m + n}\sqrt{\frac{l' + m' + n'}{l + m + n}}\frac{l \pm \sqrt{3m} \pm \sqrt{5n}}{l' \pm \sqrt{3m'} \pm \sqrt{5n'}}, 0, \infty \tag{2.9}$$

$$c_h = 1 - c_t, \; c_t = \frac{1}{1 + k^2} \tag{2.10}$$

式中：l、m、n、l'、m'、n'分别是 h 态和 t 态的 s、p、d 价电子数，如果 h 态的 s 电子是晶格电子，则 $t=0$；若是共价电子，则 $t=1$。同样对于 t 态，t'可以取值 1 或 0。如果原子处于纯 h 态和纯 t 态，则 $k=\infty$或 0，在式（2.10）中，c_t就是 t 态的杂化成分，如果用 $n_{T\sigma}$、$n_{l\sigma}$、$n_{c\sigma}$ 和 $R_\sigma(1)$ 分别表示原子处于 σ 杂阶时的总价电子数、晶格电子数、共价电子数和单键半距，则

$$n_{T\sigma} = (l + m + n)C_{h\sigma} + (l' + m' + n')C_{t\sigma} \tag{2.11a}$$

$$n_{l\sigma} = (1 - t)lC_{h\sigma} + (1 - t')l'C_{t\sigma} \tag{2.11b}$$

$$n_{c\sigma} = (tl + m + n)C_{h\sigma} + (t'l' + m + n)C_{t\sigma} \tag{2.11c}$$

$$R_\sigma(1) = R_h(1)C_{h\sigma} + R_{t\sigma}C_{t\sigma} \tag{2.11d}$$

假设三：如果固体与分子中连接原子 u 和 v 的 α 键上的共价电子对数是 n_α；则这条键的键距可由 Pauling 公式给出：

$$D_{uv}(n_\alpha) = R_u(I) + R_v(I) - \beta\log(n_\alpha) \tag{2.12}$$

余瑞璜给出的 β 值如下：

$$\begin{cases}\beta = 0.071\,0\ \text{nm}, & n_\alpha^M < 0.25 \text{ 或 } n_\alpha^M > 0.75 \\ \beta = 0.060\,0\ \text{nm}, & 0.300 \leqslant n_\alpha^M \leqslant 0.700\end{cases}$$

$$\beta = 0.071\,0 - 0.22\varepsilon\text{nm} \quad n_\alpha^M = 0.25 + \varepsilon \text{ 或 } n_\alpha^M = 0.75 - \varepsilon \;(0 < \varepsilon < 0.05)$$

式中：n_α^M 是各种键电子数 n_α 中最大的。

假设四：在固体与分子中，B 族元素包含过渡金属以及 Ga、In、Te 的原子有一部分外层的 d 电子在空间上扩展很大，以致这些电子对共价键的影响等效于

更外层的 s 或 p 电子的影响。

2.2.3 键距差法

键距差法（Bond Length Difference Method，BLD）是余瑞璜提出的一种新的固体电子结构计算方法。在建立固体与分子的价电子结构，确定其中各个原子的杂阶以及原子间的键络时，避免了求解 Schrodinger 方程，而是从晶体结构的试验资料出发。由键距方程式（2.4）可知，若由试验上测得的键距 D_{na} 值推导出原子的单键半距及 n_a 值，将会确定出晶体或分子中的原子杂阶及键络，从而建立起价电子结构。主要计算步骤如下。

第一步，各键距的计算。从已知的晶体结构求出相互接近的各种原子距离（试验键距 D），对于结构已知的晶体来说，晶体内各原子的位置坐标和晶格常数都已给出，只要利用立体几何知识，就可以求出晶胞内任意两原子之间的距离。

第二步，等同键数的计算。由于晶体的对称性，一个原子与其附近的另一个原子形成共价键时，有其他键与之等同。这些同样的键称为等同键。等同键成键的两个原子对应等同、键距相同、键上的共价电子对数相同。等同键数用 I_α 标记。一个结构单元内包含的某种键的等同键数与以下三个因素有关。

（1）参考原子所在位置的对称性。

（2）结构单元内包含的参考原子的数目；或一个分子式内某种等同原子的数目。

（3）键端两原子是否是晶体学上的同类原子。

计算等同键数的公式为

$$I_\alpha = I_m \times I_s \times I_k \tag{2.13}$$

式中：I_m为一个结构内的参考原子数；I_s为参考原子的结构对称性对 D_{na}键引起的多重性；I_k为成键原子异同引起的对 D_{na}键的多重性。当成键原子为同类原子时，$I_k = 1$；为异类原子时，$I_k = 2$。

第三步，理论共价键距的计算。设晶体的结构单元有 N 种共价键距。将它们按键距由短到长的顺序排列起来并标记为 D_{nA}，D_{nB}，D_{nC}，…，D_{nN}。各对应键上的共价电子对数标记为 n_A，n_B，n_C，…，n_N，则这 N 个共价键的键距方程为

$$D_{nA} = R_u(I) + R_v(I) - \beta \lg n_A \tag{2.14}$$

$$D_{nB} = R_w(I) + R_x(I) - \beta \lg n_B \tag{2.15}$$

$$\vdots$$

$$D_{nN} = R_y(I) + R_z(I) - \beta \lg n_N \tag{2.16}$$

把 D_{nA}的两端分别和 D_{nB}，…，D_{nN}各方程的两端相减，可得

$$D_{nA} - D_{nB} = R_u(I) + R_v(I) - R_w(I) - R_x(I) - \beta(\lg n_A - \lg n_B) \quad (2.17)$$

$$\lg r_B = \lg(n_B/n_A) = \Delta AB + \delta_{wu} + \delta_{zv} \quad (2.18)$$

同理，D_{na}与D_{nA}之差为

$$\lg r_\alpha = \lg(n_\alpha/n_A) = \Delta AB + \delta_{mu} + \delta_{nv} \quad (2.19)$$

这样对 N 个键来说，就得到了一个包含 $N-1$ 个方程式的方程组。但要确定一个结构单元的各原子的共价电子是怎样分配在这些共价键上的，即解出 n_α值，还需要另一个方程式。

在一级近似下可设想晶体结构单元内包含的全部共价电子都被分配在该结构单元内不可忽略的共价键上，这样在结构单元内全部（不可忽略）共价键上的共价电子数之和就等于该结构单元内包含的共价电子数，记为 $\sum n_c$。

从这些电子在各条共价键上的分布来看，一个结构单元内不可忽略的共价电子数为 $I_A n_A + I_B n_B + \cdots + I_D n_D$。

这个数值应等于该结构单元内包含的共价电子数，即

$$\sum n_c = I_A n_A + I_B n_B + \cdots + I_D n_D \quad (2.20)$$

式（2.20）与 $N-1$ 个 $\lg r_\alpha$组成包括 N 个方程式的方程组，从而求解 n_α的值。

将解方程组求得的 n_α值代入式（2.4），并试选包含原子的某一杂阶，将 $R(I)$ 一并代入式（2.4），就得到一组理论键距。同理，对于任意杂阶组合，都可以得到一组理论键距。

第四步，理论键距的选取。将算得的所有组理论键距与相应的共价试验键距相比较，当 ΔD_{na}的绝对值小于或等于 0.005 nm 时，可认为理论键距和试验键距是一致的。据此认为计算中所取的杂阶符合晶体中原子所处的实际状态，这样就确定了晶体中各类原子的杂阶和键络，晶体的价电子结构也就被确定了。

对于比较复杂的晶体结构，间距差分析方法往往给出不止一个符合 ΔD_{na}的绝对值小于或等于 0.005 nm 的结果。这是需要对几种或者数种允许的结果做一系列的分析比较，才确定哪一个结果是最合理的。下面是确定杂阶时应遵循的五个原则。

（1）溶质原子的溶入，一般都使基体原子的 $R(I)$ 减小而引起基体原子杂阶的迁移。对于乙种杂化的元素，σ 值要升高；对于个别的甲种和丙种杂化态的元素，σ 值要降低，因为它们的 $R(I)$ 随 σ 值的升高而增加。

（2）同一种合金系中由于溶质浓度不同而出现不同的晶体相时，相应元素杂阶的迁移与溶质浓度的变化有一定的关系，此时应选取符合这种变化规律的结果。

（3）纯元素晶体中原子所处的杂阶，原子磁矩的试验资料、导电性等物理性能可作为杂阶取舍的参考。

（4）在考虑的其他条件都满足时，ΔD_{na}的大小是选择杂阶的重要标准。因为晶体的原子总是趋于最紧密的排列，ΔD_{na}应当最小。

（5）晶体中的每一个原子都处于某一杂阶上，这个态是能量最小的态。对多种元素交互作用而形成的合金相的键距差进行分析且满足其他条件时，还应当考虑基体原子和溶质原子相对纯元素晶体原子杂阶的涨落幅度。

2.2.4 EET 的应用前景

通过 BLD 求出价电子结构后，就可以通过构建一些新的价电子结构特征参数，并通过相应的试验、分析，使之与材料的宏观力学性能（如强度和塑性）及热学性能（如热导率）建立联系，以及建立新的材料设计理论和方法。

为了实现材料成分的理论设计，迫切要求材料科学工作者们不仅要致力于具体材料的分析及试验工作以积累更多的材料性能数据，更要结合一定深度和广度上的基础理论研究和应用研究，将两者结合起来才能达到理论指导实践的最终目的。这正是“材料基因组”计划的途径，EET 是可行的手段。正如 EET 理论创始人余瑞璜院士指出：“在可望的将来，在实际应用中，金属材料的主体地位似乎还难以改变。这就向材料科学工作者们提出严峻的挑战，能否集中地投入较大的力量，从电子结构的层次对金属的单质、合金相，某些特殊金属间化合物、表面、界面和缺陷等基本问题进行较为系统的研究，提出新概念、新方法。逐步建立价电子结构与物性之间的定量关系，逐步形成较为深入、完整的材料科学电子理论……”

2.3 小　　结

应力状态的张量分析把由体积变化导致的应力和由形状变化导致的应力分别对待，体积应力最少占 1/3，不可忽略。

根据粒子速度与体积的关系，动态加载时，体积随加载速度的变化而变化。体积变化对应在微观上就是晶格参数的变化。根据 EET，这会引起 VES 的变化。

动态加载时，VES 会发生变化，这为第 4 章中动态强度模型提供了理论基础。

参考文献

[1] 王礼立．应力波基础［M］．北京：国防工业出版社，2010.
[2] 黄克智．张量分析［M］．2版．北京：清华大学出版社，2003.
[3] 刘新东．张量分析［M］．北京：国防工业出版社，2009.
[4] 黄祖良．矢量分析与张量分析［M］．上海：同济大学出版社，1989.
[5] 刘志林．合金价电子结构与成分设计［M］．长春：吉林科学技术出版社，2002.
[6] 刘志林，林成．合金电子结构参数统计值及合金力学性能计算［M］．北京：冶金工业出版社，2008.
[7] 张瑞林．固体与分子经验电子理论［M］．长春：吉林科学技术出版社，1993.
[8] PETTIFOR D G，COTTRELL A H. Electronic Theory of Alloy Design［M］. Shenyang：Liaoning Science and Technology Press，1997：53.
[9] LUNG C W，MARCH N H. 1998 Mechanical Properties of Metals［M］. Beijing：World Book Publishing Company，1998：64.
[10] 程开甲，程漱玉．论材料科学的基础［J］．材料科学与工程，1998，16(1)：2－8.

第3章

静态强度与价电子结构的关系

本章首先计算了 α - Fe 结构缺陷强化，如位错强化、位错交割强化、位错钉扎强化和置换原子强化的 VES；然后计算了各相固溶强化和弥散强化的强化权重和强化系数，并得出各相的强化增量。在此基础上改进了文献中静态强度模型，并为后续建立动态强度模型作了准备，能分别计算各相的强化增量是电子理论强度模型与 Johnson - Cook 强度模型显著的不同之处；最后用钢铁材料手册中最常见的 29 种碳素钢、合金钢的性能对静态强度进行验证。

3.1 位错价电子结构参数

金属晶体中的位错是由塑性变形和相变引入的，位错密度越高，位错运动越困难，抵抗塑性变形的能力就越大。在力学性能方面表现为金属强度的提高，即金属晶体内部位错大量增殖时，金属表现出强化效果。究其原因，是存在位错时价电子结构发生了变化。本节中，按照从简单到复杂的原则，从电子层次上提出了 α - Fe 单位错价电子结构参数、位错交割价电子结构参数、位错钉扎价电子结构参数、置换原子价电子结构参数等。之所以选 α - Fe，是因为在之后建立强度模型时，把位错单元的作用纳入基体 α - Fe 中，总的强度是在此基础上，增加固溶强化、弥散强化等增量。

3.1.1 单位错价电子结构参数

以 α－Fe 为例，其晶格参数为 0.286 7 nm，单刃型位错模型如图 3.1 所示。图中，黑点表示点阵中某一层上的 Fe 原子；灰点表示相邻层上的 Fe 原子。与正常晶胞中相比，存在刃型位错的点阵结构中，试验键距发生了变化，等同键数也有改变。

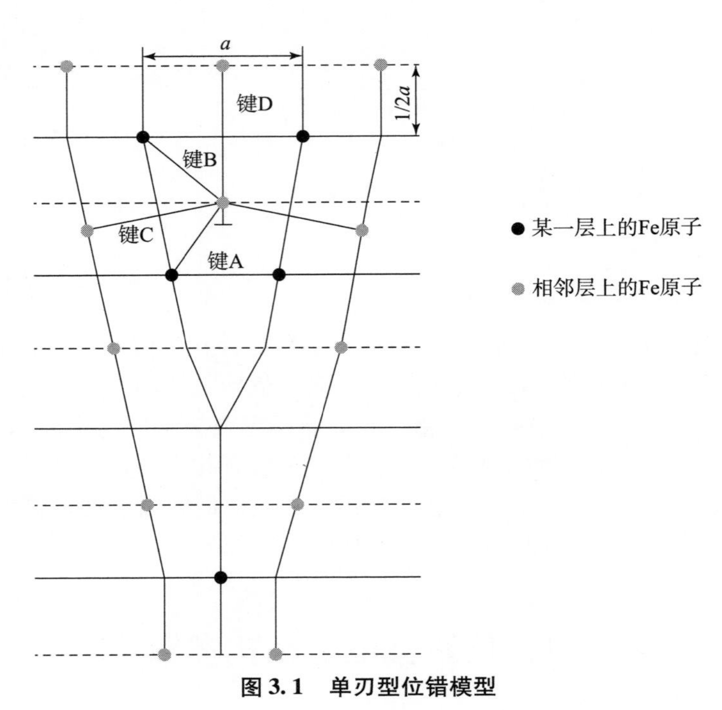

图 3.1 单刃型位错模型

按照 EET 的方法，试验键距和等同键数分别为

$$D_{\mathrm{A}} = \sqrt{\left(\frac{1}{2}\right)^2 + \left(\frac{1}{2}\right)^2 + \left(\frac{1}{3}\right)^2}\ a_0 = \frac{\sqrt{22}}{6}a_0,\ I_{\mathrm{A}} = 4$$

$$D_{\mathrm{B}} = \sqrt{\left(\frac{1}{2}\right)^2 + \left(\frac{1}{2}\right)^2 + \left(\frac{1}{2}\right)^2}\ a_0 = \frac{\sqrt{3}}{2}a_0,\ I_{\mathrm{B}} = 4$$

$$D_{\mathrm{C}} = \left(\frac{5}{6} + \frac{1}{2}\right)a_0 = \frac{11}{12}a_0,\ I_{\mathrm{C}} = 2$$

$$D_{\mathrm{D}} = a_0,\ I_{\mathrm{D}} = 1$$

$$D_{\mathrm{E}} = a_0,\ I_{\mathrm{E}} = 2$$

按照 BLD 的方法，解得刃型位错的价电子结构见表 3.1。

表 3.1　刃型位错的价电子结构

键名	D_{na}/nm	I_a	n_a	ΔD_{na}/nm
A	0.224 1	4	0.667 0	0.001 5
B	0.248 2	4	0.263 9	0.001 5
C	0.262 8	2	0.151 2	0.001 5
D	0.286 7	1	0.060 5	0.001 5
E	0.286 7	2	0.060 5	0.001 5

与正常晶胞 $n_A = 0.383\,5$ 相比，刃型位错结构的 $n_B^e = 0.263\,9$，提出刃型位错价电子结构参数：

$$\mathrm{Ef} = \frac{n_B^e}{n_A} \tag{3.1}$$

式中：n_B^e为存在刃型位错时，最大共价电子对数；n_A 为正常晶胞的最大共价电子对数；$\mathrm{Ef} = 0.688\,1$，表现出弱化作用。

采用 n_B^e而非 n_A^e 求单位错价电子结构参数，是因为无交割、缠结时，位错运动会绕开晶胞中最“坚固”的环节，所以打破四个次强键而保留四个最强键。若$\mathrm{Ef} < 1$，则表示宏观上强度的降低。

3.1.2　位错交割价电子结构参数

随着位错数量的增加，出现位错交割、钉扎和含置换原子位错的趋势增加。以 α - Fe 为例，位错交割模型如图 3.2 所示。其中，黑点表示点阵中某一层上的 Fe 原子；灰点表示相邻层上的 Fe 原子；两个位错方向垂直。与正常晶胞中相比，存在位错交割的点阵结构中，试验键距和等同键数也发生了变化。

按照 EET 的方法，试验键距和等同键数分别为

$$D_A = \sqrt{\left(\frac{1}{2}\right)^2 + \left(\frac{2}{9}\right)^2 + \left(\frac{49}{108}\right)^2}\ a_0 = \frac{\sqrt{5\,893}}{108}a_0,\ I_A = 2$$

$$D_B = \sqrt{\left(\frac{1}{2}\right)^2 + \left(\frac{1}{2}\right)^2 + \left(\frac{1}{3}\right)^2}\ a_0 = \frac{\sqrt{22}}{6}a_0,\ I_B = 4$$

$$D_C = \sqrt{\left(\frac{1}{2}\right)^2 + \left(\frac{1}{2}\right)^2 + \left(\frac{1}{2}\right)^2}\ a_0 = \frac{\sqrt{3}}{2}a_0,\ I_C = 2$$

$$D_D = \left(\frac{5}{6} + \frac{1}{2}\right)a_0 = \frac{11}{12}a_0,\ I_D = 2$$

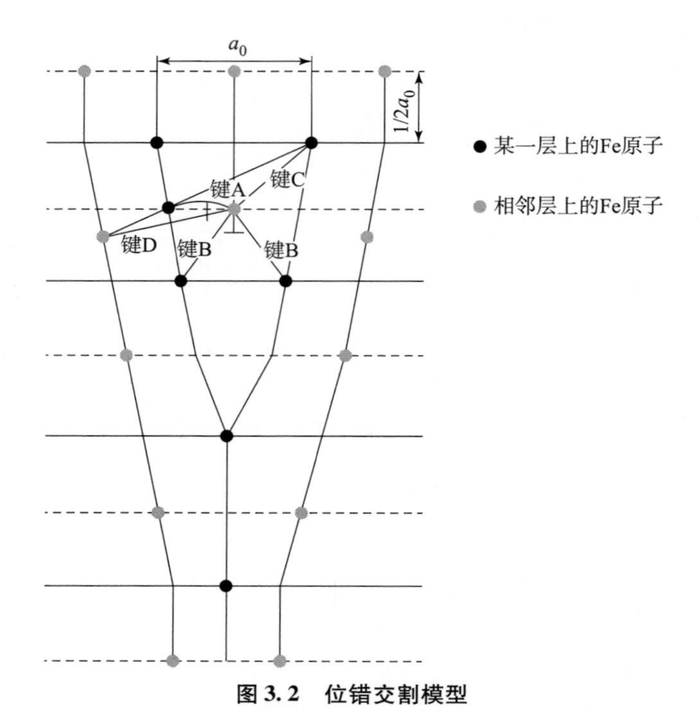

图 3.2 位错交割模型

$$D_E = a_0, I_E = 2$$

按照 BLD 的方法，解得位错交割的价电子结构见表 3.2。

表 3.2 位错交割的价电子结构

键名	D_{na}/nm	I_a	n_a	ΔD_{na}/nm
A	0.203 7	2	0.943 3	0.006 2
B	0.224 1	4	0.487 8	0.006 2
C	0.248 2	2	0.222 8	0.006 2
D	0.262 8	2	0.139 2	0.006 2
E	0.286 7	2	0.064 1	0.006 2

与正常晶胞 $n_A=0.383\ 5$ 相比，存在位错交割结构的 $n_A^i=0.943\ 3$，提出位错交割价电子结构参数：

$$\text{If} = \frac{n_A^i}{n_A} \tag{3.2}$$

式中：n_A^i 为存在刃型位错时，最大共价电子对数；n_A 为正常晶胞的最大共价电子对数，则 If = 2.436 5。含交割时，位错的运动避免不了打破结构中的最强键，宏观上表现出强度提高。

3.1.3　位错钉扎价电子结构参数

以 α - Fe 为例，位错钉扎模型如图 3.3 所示。其中，黑点表示点阵中某一层上的 Fe 原子；灰点表示相邻层上的 Fe 原子；白点表示钉扎于位错间隙的原子。白点代表结构中孤立的钉扎原子，而不表示垂直于纸面的整列都是钉扎原子。与正常晶胞中相比，存在位错钉扎的点阵结构中，试验键距和等同键数也发生了变化。

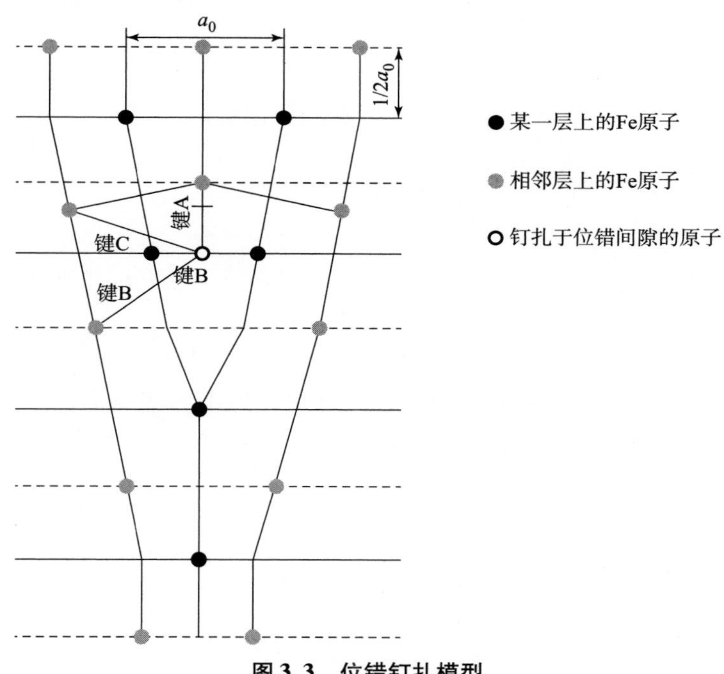

图 3.3　位错钉扎模型

按照 EET 的方法，试验键距和等同键数分别为

$$D_{\mathrm{A}} = \frac{1}{2}a_0,\ I_{\mathrm{A}} = 2$$

$$D_{\mathrm{B}} = \sqrt{\left(\frac{1}{2}\right)^2 + \left(\frac{1}{3}\right)^2}\ a_0 = \frac{\sqrt{13}}{6}\ a_0,\ I_{\mathrm{B}} = 4$$

$$D_{\mathrm{C}} = \sqrt{\left(\frac{1}{2}\right)^2 + \left(\frac{1}{2}\right)^2 + \left(\frac{11}{12}\right)^2}\ a_0 = \frac{\sqrt{193}}{12}a_0,\ I_{\mathrm{C}} = 4$$

$$D_{\mathrm{D}} = \sqrt{\left(\frac{1}{2}\right)^2 + \left(\frac{1}{4}\right)^2 + \left(\frac{3}{4}\right)^2}\ a_0 = \frac{\sqrt{17}}{4}a_0,\ I_{\mathrm{D}} = 4$$

按照 BLD 的方法，解得 7 种元素钉扎时位错的价电子结构如表 3.3 所示。

表 3.3 各元素钉扎时位错的价电子结构

n_a	C	H	O	N	B	P	Si
n_A	1.110 2	0.277 5	0.555 1	0.832 6	0.832 6	0.832 6	1.110 2
n_B	0.434 5	0.108 6	0.217 2	0.325 8	0.325 8	0.325 8	0.434 5
n_C	0.002 5	0.000 6	0.001 2	0.001 8	0.001 8	0.001 8	0.002 5
n_D	0.008 0	0.002 0	0.004 0	0.006 0	0.006 0	0.006 0	0.008 0
ΔD_{na}/nm	0.024 5	0.019 0	0.033 9	0.027 1	0.036 9	0.066 9	0.065 2
Pf	2.894 9	0.723 6	1.447 5	2.171 1	2.171 1	2.171 1	2.894 9

与正常晶胞 $n_A = 0.383\ 5$ 相比，存在位错钉扎结构的 n_A^P 有较大变化，提出位错钉扎强化价电子结构参数为

$$\mathrm{Pf} = \frac{n_A^P}{n_A} \tag{3.3}$$

式中：n_A^P 为存在位错钉扎时的最大共价电子对数；n_A 为正常晶胞的最大共价电子对数。

对于最通常的 C 原子，Pf = 2.894 9，定量地说明钉扎 C 原子有强化作用。这就是“柯氏气团”所谓的会影响位错在外力作用下的移动，使得抗力增加的本质。而对于 H 原子，Pf = 0.723 6，说明钉扎 H 原子不仅无强化作用，反而有弱化作用。

3.1.4 含置换原子的位错价电子结构参数

以 α − Fe 为例，含置换原子的位错结构模型如图 3.4 所示。其中，黑点表示点阵中某一层上的 Fe 原子，灰点表示相邻层上的 Fe 原子，白点表示相邻层上置换了 Fe 原子的合金原子，白点代表结构中孤立的合金原子，而不表示垂直于纸面的整列都是合金原子。与正常晶胞中相比，含置换原子的位错结构中，试验键距和等同键数也发生了变化。

按照 EET 的方法，试验键距和等同键数分别为

$$D_A = \sqrt{\left(\frac{1}{2}\right)^2 + \left(\frac{1}{2}\right)^2 + \left(\frac{1}{3}\right)^2}\ a_0 = \frac{\sqrt{22}}{6}a_0,\ I_A = 4$$

$$D_B = \sqrt{\left(\frac{1}{2}\right)^2 + \left(\frac{1}{2}\right)^2 + \left(\frac{1}{2}\right)^2}\ a_0 = \frac{\sqrt{3}}{2}a_0,\ I_B = 4$$

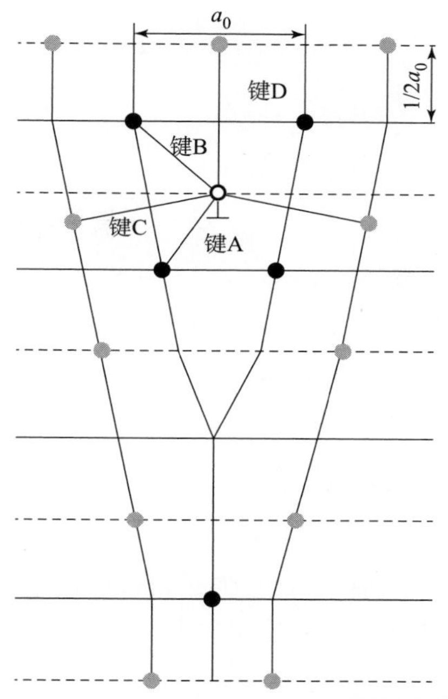

图 3.4　含置换原子的位错结构模型

$$D_C = \left(\frac{5}{6} + \frac{1}{2}\right)a_0 = \frac{11}{12}a_0,\ I_C = 2$$

$$D_D = a_0,\ I_D = 1$$

$$D_E = a_0,\ I_E = 2$$

按照 BLD 的方法，解得 Cr、Ni、Mo 和 Mn 四种元素含置换原子的价电子结构如表 3.4 所示。

表 3.4　含置换原子的价电子结构

n_a	Cr	Ni	Mo	Mn
n_A	0.247 9	0.359 0	0.250 9	0.251 9
n_B	0.626 4	0.907 3	0.634 1	0.636 8
n_C	0.142 0	0.205 6	0.143 7	0.144 3
n_D	0.056 8	0.082 2	0.057 5	0.057 7
n_E	0.056 8	0.082 2	0.057 5	0.057 7
ΔD_{na}/nm	2.988×10^{-4}	2.305×10^{-5}	5.965×10^{-5}	7.113×10^{-5}
n_A^S	0.646 4	0.936 1	0.654 2	0.656 8
Sf	0.969 1	1.403 4	0.980 8	0.984 7

与无置换的位错结构 $n_A^e=0.6670$ 相比，置换原子位错结构的 n_A^S 有所变化，提出置换原子位错结构价电子结构参数，为

$$\mathrm{Sf} = \frac{n_A^S}{n_A^e} \tag{3.4}$$

式中：n_A^S 为存在置换原子位错结构时，最大共价电子对数；n_A^e 为无置换原子的位错结构的最大共价电子对数。对于 Cr、Mo 和 Mn 原子，Sf 均略小于 1，说明发生了弱化；而对于 Ni 原子，Sf = 1.403 4，说明发生了强化。因此，在位错结构中，置换原子的作用并不一致，有强化也有弱化。

3.2 静态强度模型

强化机制有细晶强化、固溶强化、界面强化、弥散强化和析出强化。最终的力学性能可视为，在细化了的 α - Fe 基体力学性能的基础上，各种强化机制下，力学性能改变量的代数和。

细晶强化产生的力学性能的改变量可仿照 Hall - Petch 公式表征。细化了的 α - Fe 基体强度 $\sigma_b^{\alpha-\mathrm{Fe}}$ 可表示为

$$\sigma_b^{\alpha-\mathrm{Fe}} = \left(\sigma_0 + \frac{\sigma_0}{\sqrt{D}}\right) \cdot x_{(\mathrm{Fe})} \tag{3.5}$$

式中：$\sigma_0=160\sim165$ MPa，为 α - Fe 的初始强度，包含了前述各种位错价电子结构参数的因素；D 为晶粒尺寸；$x_{(\mathrm{Fe})}$ 为 Fe 的摩尔分数，其值接近于 1。

3.2.1 强化系数 *S* 的表征

（1）固溶强化系数的表征。在各种强化机制下，力学性能的改变量取决于该强化机制的强化系数和强化权重。固溶强化系数表示如下：

$$S^{\alpha-\mathrm{Fe-C}} = C^{\alpha-\mathrm{Fe-C}} \cdot \left(\frac{n_A^{\alpha-\mathrm{Fe}}}{n_A^{\alpha-\mathrm{Fe-C}}}\right)^{m^{\alpha-\mathrm{Fe-C}}} \tag{3.6}$$

$$S^{\alpha-\mathrm{Fe-C-M}} = C^{\alpha-\mathrm{Fe-C-M}} \cdot \left(\frac{n_A^{\alpha-\mathrm{Fe}}}{n_A^{\alpha-\mathrm{Fe-C-M}}}\right)^{m^{\alpha-\mathrm{Fe-C-M}}} \tag{3.7}$$

$$S^{\varepsilon-(\mathrm{Fe,M})_3\mathrm{C}} = C^{\varepsilon-(\mathrm{Fe,M})_3\mathrm{C}} \cdot \left(\frac{n_A^{\alpha-\mathrm{Fe}}}{n_A^{\varepsilon-(\mathrm{Fe,M})_3\mathrm{C}}}\right)^{m^{\varepsilon-(\mathrm{Fe,M})_3\mathrm{C}}} \tag{3.8}$$

式中：$S^{\alpha-\mathrm{Fe-C}}$、$S^{\alpha-\mathrm{Fe-C-M}}$ 和 $S^{\varepsilon-(\mathrm{Fe,M})_3\mathrm{C}}$ 分别表示 α - Fe - C 相、α - Fe - C - M 相

和 $\varepsilon-(Fe,M)_3C$ 相的强化系数，与 VES 有关；$n_A^{\alpha-Fe}$、$n_A^{\alpha-Fe-C}$、$n_A^{\alpha-Fe-C-M}$ 和 $n_A^{\varepsilon-(Fe,M)_3C}$ 分别表示各相的最大共价电子对数；$C^{\alpha-Fe-C}$、$C^{\alpha-Fe-C-M}$ 和 $C^{\varepsilon-(Fe,M)_3C}$ 分别表示基体 $\alpha-Fe$ 相的最大共价电子对数与各相最大共价电子对数的比值，表达为强化系数时的系数（简称系数，下同）；$m^{\alpha-Fe-C}$、$m^{\alpha-Fe-C-M}$ 和 $m^{\varepsilon-(Fe,M)_3C}$ 分别表示基体 $\alpha-Fe$ 相的最大共价电子对数与各相最大共价电子对数的比值，表达为强化系数时的指数（简称指数，下同）。参照马氏体类的各元素原子状态、VES 中的 n_A 和渗碳体类的 VES 中的 n_A 和组态数 σ_N，得出含各元素的马氏体相的系数和指数，如表 3.5 所示。

表 3.5 马氏体和渗碳体及 VC 的系数和指数

元素	系数 C	指数 m	M（马氏体）含量	（合金）渗碳体含量
不含合金元素马氏体	8.65×10^{12}	25.83	0.564 2	—
$\varepsilon-Fe_3C$	6.85×10^{9}	25.55	—	0.436 8
含 Cr 马氏体	1.42×10^{10}	11.95	0.617 3	0.382 7
含 Ni 马氏体	1.55×10^{6}	6.49	0.610 0	0.390 0
含 Mn 马氏体	2.23×10^{5}	5.34	0.610 0	0.390 0
含 Si 马氏体	4.70×10^{5}	5.78	0.625 0	0.375 0
含 Mo 马氏体	233.20	−0.28	0.625 0	0.375 0
含 W 马氏体	0.27	−1.02	0.625 0	0.375 0
VC	—	1.74	—	—

（2）弥散强化系数的表征。从奥氏体中析出的碳（氮）化合物 Ti（Nb，V）C（N）将与 $\alpha-Fe$ 组成 $\alpha-Fe\parallel$Ti（Nb，V）C（N）界面。与钢中的 $\alpha-Fe\parallel\alpha-Fe-C$、$\alpha-Fe\parallel\alpha-Fe-C-M$、$\alpha-Fe\parallel\alpha-Fe-M$ 比较，这种界面电子密度差 $\Delta\rho'$ 非常大，即界面应力很大，因此界面被强化了。这就是 Ti(Nb，V)C(N) 的弥散强化。弥散强化的强化系数也是界面电子密度差，即

$$S^{\alpha-Fe\parallel TiC_1}=\Delta\rho'^{\alpha-Fe\parallel TiC_1},\quad S^{\alpha-Fe\parallel NbC_1}=\Delta\rho'^{\alpha-Fe\parallel NbC_1},\quad S^{\alpha-Fe\parallel VC_1}=\Delta\rho'^{\alpha-Fe\parallel VC_1}$$

3.2.2 强化权重 W 的表征

（1）固溶强化权重的表征。固溶强化权重实际上是奥氏体中各结构单元的权重。奥氏体时，除基体 $\gamma-Fe$ 外，还有 C 在 $\gamma-Fe$ 中的固溶体 $\gamma-Fe-C$ 相，合金元素 M 在 $\gamma-Fe-C$ 中的固溶体 $\gamma-Fe-C-M$ 相，合金元素 M 在 $\gamma-Fe$ 中的固溶体 $\gamma-Fe-M$ 相。最后 $\gamma-Fe\rightarrow\alpha-Fe$、$\gamma-Fe-C\rightarrow\alpha-Fe-C$、$\gamma-Fe-$

C－M→α－Fe－C－M、γ－Fe－M→α－Fe－M。所以最终组织中α－Fe－C、α－Fe－C－M、α－Fe－M的权重应分别为奥氏体中γ－Fe－C、γ－Fe－C－M、γ－Fe－M的权重，这是固溶强化权重。

（2）弥散强化权重的表征。弥散强化时，$M_C C_1$是在γ－Fe－C－M_C中析出的，则

$$W^{M_C C_1}=\frac{x_{(M_C)}\cdot n'^{M_C C}_{A}}{n'^{M_C C}_{A}+n'^{\gamma-Fe-C-M_C}_{A}} \tag{3.9}$$

$$W^{\alpha-Fe-C-M}_{C}=W^{\gamma-Fe-C-M_C}=x_{(M_C)}-W^{M_C C} \tag{3.10}$$

3.2.3 静态强度模型的提出

（1）固溶强化增加量。固溶强化的作用可用细化了的α－Fe基体力学性能与固溶强化系数S和权重W来表征：

$$\Delta\sigma_b^{\alpha-Fe-C}=\sigma_b^{\alpha-Fe}S^{\alpha-Fe-C}W^{\alpha-Fe-C} \tag{3.11}$$

$$\Delta\sigma_b^{\alpha-Fe-C-M}=\sigma_b^{\alpha-Fe}S^{\alpha-Fe-C-M}W^{\alpha-Fe-C-M} \tag{3.12}$$

$$\Delta\sigma_b^{\varepsilon-(Fe,M)_3C}=\sigma_b^{\alpha-Fe}S^{\varepsilon-(Fe,M)_3C}W^{\varepsilon-(Fe,M)_3C} \tag{3.13}$$

式中：$\Delta\sigma_b^{\alpha-Fe-C}$、$\Delta\sigma_b^{\alpha-Fe-C-M}$分别为C及合金元素在α－Fe中固溶强化强度增加量；$\Delta\sigma_b^{\varepsilon-(Fe,M)_3C}$为合金渗碳体强化强度增加量。

（2）弥散强化作用。在界面强化中，与界面应力相匹配的界面电子密度差在一级近似下（$\Delta\rho'<10\%$）是连续的，所以计算采用了相对电子密度差$\Delta\rho'\%$。在弥散强化和析出强化中，一级近似下，电子密度不连续，即$\Delta\rho'<10\%$，$\sigma=0$；$\Delta\rho'>10\%$时才出现了σ'值。因此计算中采用了绝对电子密度差$|\Delta\rho'|$。

弥散强化强度增加量为

$$\Delta\sigma_b^{\alpha-Fe\parallel M_C C_1}=\sigma_b^{\alpha-Fe}S^{\alpha-Fe\parallel M_C C_1}W^{M_C C_1} \tag{3.14}$$

（3）静态强度模型。基于“从电子结构层次研究合金的力学性能，关键是建立合金相及相界面的电子结构参数与相变和强韧化机制的关系，并把这种关系转化为数值计算”的认识。刘志林提出了利用合金电子结构参数的统计值计算非调质钢的强度的模型：

$$\begin{aligned}\sigma_b=&\sigma_b^{\alpha-Fe}+\Delta\sigma_b^{\alpha-Fe-C}+\sum\Delta\sigma_b^{\alpha-Fe-C-M}+\sum\Delta\sigma_b^{\alpha-Fe-M}+\Delta\sigma_b^{\alpha-Fe\parallel\alpha-Fe-C}+\\&\sum\Delta\sigma_b^{\alpha-Fe\parallel\alpha-Fe-C-M}+\sum\Delta\sigma_b^{\alpha-Fe\parallel\alpha-Fe-M}+\sum\Delta\sigma_b^{\alpha-Fe\parallel M_C C_1}+\\&\Delta\sigma_b^{\alpha-Fe\parallel MnS}+\Delta\sigma_b^{\alpha-Fe\parallel AlN}+\Delta\sigma_b^{\alpha-Fe\parallel Fe_3P}+\sum\Delta\sigma_b^{\alpha-Fe-C-M_C\parallel M_C C_2}+\\&\Delta\sigma_b^{\alpha-Fe-C\parallel\varepsilon-Fe_3C}+\sum\Delta\sigma_b^{\alpha-Fe-C-M\parallel\varepsilon-(Fe,M)_3C}+\Delta\sigma_b^{\alpha-Fe-C\parallel\theta-Fe_3C}+\\&\sum\Delta\sigma_b^{\alpha-Fe-C-M\parallel\theta-(Fe,M)_3C}\end{aligned} \tag{3.15}$$

式中：σ_b为断裂强度（简称强度，下同）；$\sigma_b^{\alpha-Fe}$为细化了的α－Fe基体强度，可根据初始强度（160～165 MPa）及晶粒度得到，初始强度包含了前述各种位错价电子结构参数的因素；$\Delta\sigma_b^{\alpha-Fe-C}$为C在α－Fe中固溶强化增加量；$\sum\Delta\sigma_b^{\alpha-Fe-C-M}$为各合金元素在α－Fe－C中固溶强化对基体强度的增加量之和，M代表合金元素；$\sum\Delta\sigma_b^{\alpha-Fe-M}$为各合金元素在α－Fe中固溶强化增加量之和；$\Delta\sigma_b^{\alpha-Fe\|\alpha-Fe-C}$、$\sum\Delta\sigma_b^{\alpha-Fe\|\alpha-Fe-C-M}$和$\sum\Delta\sigma_b^{\alpha-Fe\|\alpha-Fe-M}$分别为α－Fe相与α－Fe－C相、α－Fe相与α－Fe－C－M相、α－Fe相与α－Fe－C相界面强化的增加量；$\sum\Delta\sigma_b^{\alpha-Fe\|M_CC_1}$为弥散强化增加量之和，$M_C$代表强碳化物形成元素Ti、Nb和V；$\Delta\sigma_b^{\alpha-Fe\|MnS}$、$\Delta\sigma_b^{\alpha-Fe\|AlN}$和$\Delta\sigma_b^{\alpha-Fe\|Fe_3P}$分别为化合物MnS、AlN和$Fe_3P$析出强化增加量；$\sum\Delta\sigma_b^{\alpha-Fe-C-M_C\|M_CC_2}$为$M_C$析出强化增加量之和；$\Delta\sigma_b^{\alpha-Fe-C\|\varepsilon-Fe_3C}$和$\sum\Delta\sigma_b^{\alpha-Fe-C-M\|\varepsilon-(Fe,M)_3C}$为渗碳体相变强化增加量；$\Delta\sigma_b^{\alpha-Fe-C\|\theta-Fe_3C}$和$\sum\Delta\sigma_b^{\alpha-Fe-C-M\|\theta-(Fe,M)_3C}$为珠光体转变强化增加量。

在文献［5］中，使用此模型计算了热轧低碳钢ZJ510L、Q345B和X65等钢种的理论强度，经验证与实验值能较好地吻合。

但是，根据上述的模型可以推断出与事实不吻合的结果。首先，强化增量对碳（或合金）摩尔百分数呈指数增加，而这个指数大于1，这与事实不符，说明模型可以改良；其次，文献的模型不能用于应用更广泛的调质钢；再次，相对于固溶强化，界面强化数值很小，以文献［5］中的Q345B为例，总界面强化增量为16.851 1 MPa，而总固溶强化增量为254.247 4 MPa（说明：为了计算简便，可以忽略界面强化）；最后，α－Fe和α－Fe－M的最大共价电子对数差别很小。基于上述四点的考虑，对文献［5］中的模型作了改进，提出以下模型：

$$\sigma_b=\sigma_b^{\alpha-(Fe,M)}+\Delta\sigma_b^{\alpha-Fe-C}+\sum\Delta\sigma_b^{\alpha-Fe-C-M}+\sum\Delta\sigma_b^{\varepsilon-(Fe,M)_3C} \tag{3.16}$$

式中，$\sigma_b^{\alpha-(Fe,M)}$为细化了的α－Fe基体强度及各合金元素在α－Fe中固溶强化增加量，基于上述第四点考虑，忽略此处M与Fe的差别；$\sum\Delta\sigma_b^{\varepsilon-(Fe,M)_3C}$为（合金）渗碳体相强化增加量之和，即

$$\sigma_b=\sigma_b^{\alpha-Fe}\left(1+S^{\alpha-Fe-C}W^{\alpha-Fe-C}+\sum S^{\alpha-Fe-C-M}W^{\alpha-Fe-C-M}+\sum S^{\varepsilon-(Fe,M)_3C}W^{\varepsilon-(Fe,M)_3C}\right) \tag{3.17}$$

3.3 静态强度模型的验证

为了检验上述静态强度模型的可靠性，对文献［5］中的29种钢进行了验证。首先，根据式（3.7）和表3.1中的参数计算了低碳、中碳共6种碳素结构钢的静态强度，试验值见表3.2；其次，计算了8种含Mn低合金钢、9种含Cr、Ni钢以及含Si、W和Ti钢的静态强度，试验值如表3.6～表3.11所示。

表3.6 碳素结构钢强度理论值及计算相关参数

钢种	C摩尔百分数	马氏体摩尔百分数	试验强度/MPa	理论强度/MPa
15	0.006 9	0.006 9	375	347
20	0.009 2	0.009 2	410	392
30	0.013 8	0.013 8	490	478
40	0.018 3	0.018 3	570	556
50	0.022 9	0.022 9	630	633
60	0.027 3	0.027 3	675	701

表3.7 含Mn低合金钢强度理论值及计算相关参数

钢种	C摩尔百分数	Mn摩尔百分数	马氏体摩尔百分数	含Mn马氏体摩尔百分数	实验强度/MPa	理论强度/MPa
20Mn	0.009 2	0.002 0	0.007 2	0.002 0	450	458
30Mn	0.013 8	0.002 0	0.011 8	0.002 0	540	545
40Mn	0.018 3	0.002 0	0.016 3	0.002 0	590	624
50Mn	0.022 9	0.002 0	0.020 9	0.002 0	645	700
60Mn	0.027 3	0.002 0	0.025 3	0.002 0	695	768
30Mn2	0.013 8	0.010 1	0.006 1	0.007 7	785	734
40Mn2	0.018 3	0.010 1	0.008 2	0.010 1	885	895
50Mn2	0.022 8	0.010 1	0.012 7	0.010 1	930	923

表3.8　含Cr、Ni钢强度理论值及计算相关参数

钢种	C摩尔百分数	Cr摩尔百分数	Ni摩尔百分数	马氏体摩尔百分数	含Cr马氏体摩尔百分数	含Ni马氏体摩尔百分数	试验强度/MPa	理论强度/MPa
15Cr	0.006 9	0.010 7	—	0.002 7	0.004 2	—	735	640
20Cr	0.009 2	0.010 7	—	0.003 6	0.005 6	—	835	780
30Cr	0.013 3	0.010 6	—	0.005 3	0.008 5	—	885	894
40Cr	0.018 3	0.010 6	—	0.008 3	0.010 6	—	980	1 068
50Cr	0.022 8	0.010 5	—	0.012 3	0.010 5	—	1 080	1 131
20CrNi	0.009 2	0.006 4	0.011 3	0.002 3	0.003 6	0.003 2	785	734
40CrNi	0.013 8	0.006 4	0.011 3	0.005 5	0.006 4	0.006 4	980	1 054
50CrNi	0.023 0	0.006 4	0.011 3	0.008 6	0.006 4	0.008 0	1 080	1 176
30CrNi3	0.018 3	0.008 0	0.027 8	0.003 5	0.005 5	0.004 8	980	888

表3.9　含Si钢强度理论值及计算相关参数

钢种	C摩尔百分数	Si摩尔百分数	Cr/Mn摩尔百分数	马氏体摩尔百分数	含Si马氏体摩尔百分数	含Cr/Mn马氏体摩尔百分数	实验强度/MPa	理论强度/MPa
27SiMn	0.012 3	0.019 2	0.006 0	0.003 5	0.004 5	800	800	760
35SiMn	0.015 9	0.019 1	0.006 0	0.004 5	0.005 6	885	885	916

表3.10　含W钢强度理论值及计算相关参数

钢种	C摩尔百分数	W摩尔百分数	马氏体摩尔百分数	含Cr马氏体摩尔百分数	含Ni马氏体摩尔百分数	含W马氏体摩尔百分数	实验强度/MPa	理论强度/MPa
25Cr2Ni4W	0.011 6	0.003 0	0.003 6	0.002 7	0.002 4	0.003 0	1 080	1 057
18Cr2Ni4W（按未回火）	0.008 4	0.003 0	0.001 6	0.002 0	0.001 8	0.003 0	1 180	1 198

表3.11　含Ti钢强度理论值及计算相关参数

钢种	C摩尔百分数	Cr摩尔百分数	Mn摩尔百分数	Ti摩尔百分数	TiC摩尔百分数	实验强度/MPa	理论强度/MPa
20CrMnTi	0.009 2	0.012 2	0.003 0	0.012 4	0.009 2	1 080	1 226
30CrMnTi	0.013 8	0.012 2	0.003 0	0.012 3	0.012 3	1 470	1 323

注：表3.6~表3.11中的试验强度摘自《实用钢铁材料手册》。

从表3.6可以得出，采用新模型计算所得碳素结构钢的理论强度与实验强度，相对误差最小（50钢）为0.48%，最大（15钢）为7.5%，小于允许误差在10%以内的要求，故模型与实际情况能较好地吻合。

从表3.7可知，含Mn低合金钢的理论强度值与试验强度的相对误差均小于10%，最小为0.75%，也能较好地吻合。因为在拟合Mn系数和指数的时候，使用了表3.5中马氏体和$\varepsilon-Fe_3C$的系数和指数，表3.7的结果也证明了马氏体和$\varepsilon-Fe_3C$的系数和指数的有效性。同理，表3.8同样证明了马氏体和$\varepsilon-Fe_3C$的系数和指数的有效性。表3.9是使用马氏体和$\varepsilon-Fe_3C$以及Mn的系数和指数，拟合Si的系数和指数以及得出的理论强度，结果证明了马氏体和$\varepsilon-Fe_3C$以及Mn的系数和指数的有效性。表3.10证明了Cr、Ni系数和指数的合理性。值得注意的是，表3.11中计算Ti对弥散强化作用中的相关参数采用了文献中的方法，其结果也能证明表3.5中含Cr、Mn系数和指数的合理性。价电子结构计算程序见附录A。

3.4 小　　结

通过计算出单位错价电子结构参数$Ef<1$、位错交割价电子结构参数$If>1$、位错钉扎价电子结构参数$Pf>1$和含置换原子位错的价电子结构参数Sf，定量地描述出随位错密度增加，材料先弱化再强化的原因。

针对文献中静态强度模型中强化增量对碳（或合金）摩尔百分数呈指数增加，而这个指数大于1，与事实不符和模型不能用于调质钢等问题，提出了改进模型。以文献中最常见的29种钢的试验强度与改进模型计算强度进行对比，误差均在10%以内，平均误差为5%。

参考文献

[1] 刘志林，林成．合金电子结构参数统计值及合金力学性能计算［M］. 北京：冶金工业出版社，2008.

[2] 邹章雄，项金钟，许思勇．Hall－Petch关系的理论推导及其适用范围讨论［J］. 物理测试，2012，30（6）：13－17.

[3] 王其闵，章熙康．α－钛的强度和晶粒大小的关系［J］. 金属学报，1965，8（4）：533.

[4] 曾正明. 实用钢铁材料手册 [M]. 北京：机械工业出版社，2008.
[5] 刘志林. 合金价电子结构与成分设计 [M]. 长春：吉林科学技术出版社，2002.
[6] PETTIFOR D G，COTTRELL A H. Electronic theory of alloy design [M]. Shen Yang：Liaoning Science and Technology Press，1997：53.
[7] LUNG C W，MARCH N H. Mechanical Properties of Metals [M]. Beijing：World Scientific，1998：64.

第 4 章 动态强度的价电子结构模型

在常规武器侵彻与爆炸、偶然爆炸和高速撞击等许多军事和民用事件中，高幅值、短持续时间脉冲载荷会引起材料力学性能的应变率效应，即在强度等力学性能方面表现出的加载速率或应变率敏感性。应变率效应是在设计毁伤与防护材料时必须要考虑的问题，然而这方面缺乏系统的理论指导。笔者结合静态模型和动态过程中的体积变化，形成较完整的材料设计方法。首先，从理论上推导出材料在一维准静态和动态过程中的体积变化；其次，结合固体与分子经验电子理论，得出价电子结构随体积变化而变化的结论；然后提出了基于价电子结构的动态强度模型，并提出基于价电子结构的绝热剪切带产生判据，甚至还提出了层裂强度模型；最后还对上述提出的模型进行了初步的验证。

4.1 基于价电子结构的绝热剪切强度模型

绝热剪切现象发生在加载应变率 $10^3 \sim 10^4\ s^{-1}$时，根据此应变率下的体积及价电子结构变化提出了“绝热剪切”强度模型，并对绝热剪切带的形成进行应力状态分析。

4.1.1 绝热剪切强度模型

研究应变率效应对于动载的结构设计与分析非常重要。一般来说，动态强度与静态强度在数值上有所差别。动态强度模型的提出还需要各相强化的一个指标，为此，引入参数 P，它反映确定相的最大共价电子对数密度比和指数。然后，在静态模型的基础上，通过各相乘以各自的动态指标，提出动态模型：

$$\sigma_b = \sigma_b^{\alpha-Fe}P^{\alpha-Fe}\ (1 + S^{\alpha-Fe-C}W^{\alpha-Fe-C}P^{\alpha-Fe-C} + S^{\alpha-Fe-C-M}\cdot W^{\alpha-Fe-C-M}P^{\alpha-Fe-C-M} + S^{\varepsilon-(Fe,M)_3C}W^{\varepsilon-(Fe,M)_3C}P^{\varepsilon-(Fe,M)_3C}) \tag{4.1}$$

其中

$$P = \left(\frac{n_A}{V}\Big/\frac{n_{A0}}{V_0}\right)^x \tag{4.2}$$

式中：n_A、n_{A0} 分别为未加载、动态加载时的最大共价电子对数；V、V_0分别为压缩前、压缩中临界卸载时的体积；x 为指数。

根据调质态 45 号钢的动态性能和价电子结构，对动态模型进行拟合，得到 $\alpha-Fe$、$\alpha-Fe-C$ 和 $\varepsilon-(Fe,M)_3C$ 三相的动态密度比的指数为

$$x_{\alpha-Fe} = 122.304\ 6 \tag{4.3}$$

$$x_{\alpha-Fe-C} = -69.704\ 46 \tag{4.4}$$

$$x_{\varepsilon-Fe_3C} = -14.946\ 266 \tag{4.5}$$

对于 45 号钢，应变率为 2 000 s^{-1}时，有

$$P^{\alpha-Fe} = 1.004\ 3^{122.304\ 6} = 1.690\ 1, \tag{4.6}$$

$$P^{\alpha-Fe-C} = 1.002\ 6^{-69.704\ 46} = 0.834\ 4 \tag{4.7}$$

$$P^{\alpha-Fe} \times P^{\alpha-Fe-C} = 1.690\ 1 \times P^{\alpha-Fe-C} = 1.4103 \tag{4.8}$$

$$P^{\varepsilon-(Fe,M)_3C} = 1.07^{-14.946\ 26} = 0.363\ 8 \tag{4.9}$$

$$P^{\alpha-Fe} \times P^{\varepsilon-(Fe,M)_3C} = 1.690\ 1 \times P^{\varepsilon-(Fe,M)C} = 0.614\ 8 \tag{4.10}$$

应变率为 1 000 s^{-1}时，有

$$P^{\alpha-Fe} = 1.308\ 4 \tag{4.11}$$

$$P^{\alpha-Fe} \times P^{\alpha-Fe-C} = 1.186\ 8 \tag{4.12}$$

$$P^{\alpha-Fe} \times P^{\varepsilon-(Fe,M)_3C} = 1.279\ 4 \tag{4.13}$$

由此可知，动态下，因不同相价电子结构的差别，各相的强化响应也有明显的差别；另外，不同应变率下，也表现出各相强化响应的差别。如在应变率为 2 000 s^{-1}时，$\alpha-Fe$ 相的强度为静态的 1.690 1 倍，而 $\alpha-Fe-C$ 相的强度为静态时的 1.410 3 倍。更为有趣的是，$\varepsilon-(Fe,M)_3C$ 相在此应变率下的强度只有静态时的 0.614 8 倍，表现出弱化现象，反映了各相对动态响应的复杂性。不同

应变率下，应变率从 1 000 s^{-1} ~2 000 s^{-1}，α - Fe 相对动态的响应，从 1.308 4 倍到 1.690 1 倍，α - Fe - C 相从 1.186 8 倍到 1.410 3 倍，定量地反映了随应变率的增加，各相强化的差异性。

为了考查动态模型的可靠性，采用动态系数和动态模型公式及表 3.6 中的 20 号钢的相关参数，计算了 20 号钢在 1 032 s^{-1}、2 000 s^{-1}和 2 524 s^{-1}三种应变率下的动态强度，试验强度如图 4.1 所示。

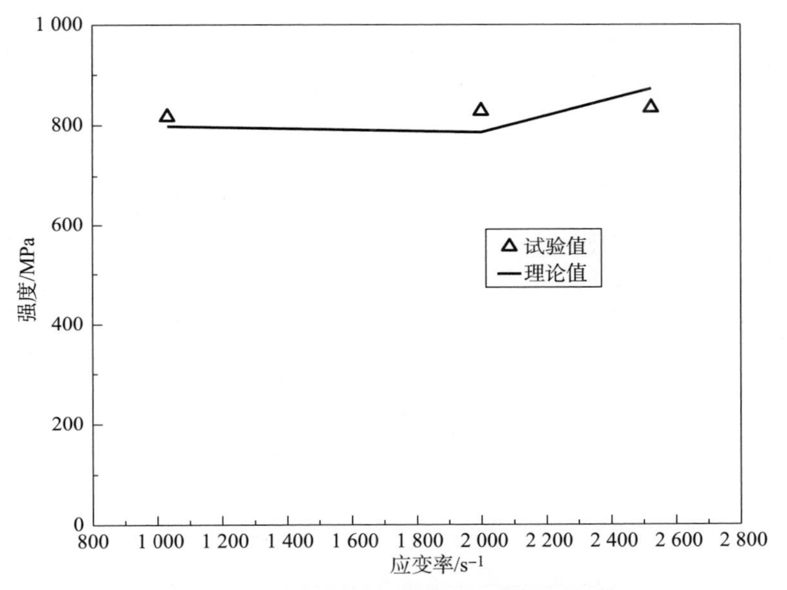

图 4.1　20 号钢动态强度的理论值及试验值

经试验得出的强度值分别为 817 MPa、828 MPa 和 834 MPa，而用本书模型得出的强度值分别为 798 MPa、786 MPa 和 872 MPa。相对误差为 2.3% ~6.6%，远小于误差 15% 的技术指标，证明了动态模型的可靠性。

按照上述思路，设计材料（动）静态强度的过程成为一个“拼装”过程。由固体与分子经验电子理论得到的价电子结构是材料成分、组织、应变率与性能的纽带。根据成分和价电子结构可以得出所需的相关参数并用于计算静态强度，根据应变率可以得出动态加载下的共价电子对数密度比，进而得出动态强度。

4.1.2　绝热剪切带形成的应力状态分析

材料在受到冲击压缩时，不仅有形状变化，而且有体积变化，两者都产生应力，称为形变应力（应力偏张量）和体积应力（应力球张量）。由 4.1.1 节可知，相对于一维准静态过程中的 1/3，体积应力的占比随着应变率的提高而增加，价电子结构也随之变化；另外，没有应变率提高就不会有绝热剪切现象的发生。基于以上考虑，一个合理的假设：绝热剪切带的产生与体积应力在总应力中的比例有某种联系。作为一个探索，作者提出材料产生绝热剪切带的判据是：随着应变率的提高，体积应力占总应力 1/2 时，发生绝热剪切。

一维准静态弹性阶段体积变化引起的应力占总应力的 1/3，似乎不应被忽略。在一维准静态压缩的塑性阶段，体积引起的应力不会减小。根据卸载过程的应力应变斜率与弹性阶段斜率相等可以推测，塑性阶段由体积引起的应力始终为总应力的 1/3。

在一维应变（应变率为 $10^5 \sim 10^6\ s^{-1}$）压缩下，体积引起的应力占主导，形状变化引起的应力反而可以忽略。可以推测，随着应变率的增加，体积变化引起的应力逐渐增加。这就为在一维应力下（应变率为 $10^3 \sim 10^4\ s^{-1}$），提出“体积应力与形变应力相等作为 ASB 产生的判据”提供了依据。

对判据的一个验证。根据上述思路，把 J－C 模型分解为体积应力和形变应力两部分，以体积应变和形变有没有达到相等作为 ASB 产生的判据。图 4.2（a）所示为 42CrNi2MoWV 经 850 ℃淬火 +230 ℃回火，在 0.6 MPa 冲击加载下，未发生绝热剪切破坏的体积应力与形变应力图；图 4.2（b）所示为 42CrNi2MoWV 经 880 ℃淬火 +270 ℃回火，在 0.8 MPa 冲击加载下，发生绝热剪切破坏的体积应力与形变应力图。

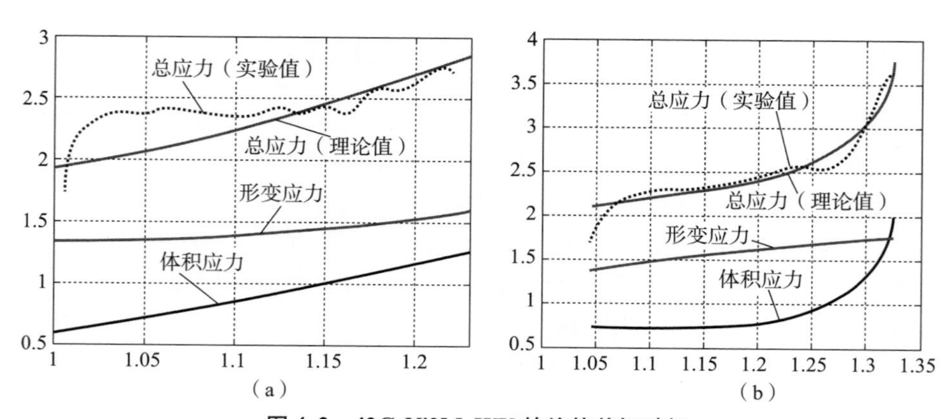

图 4.2　42CrNi2MoWV 的绝热剪切破坏

（a）未发生时的体积应力与形变应力图；（b）发生时的体积应力与形变应力图

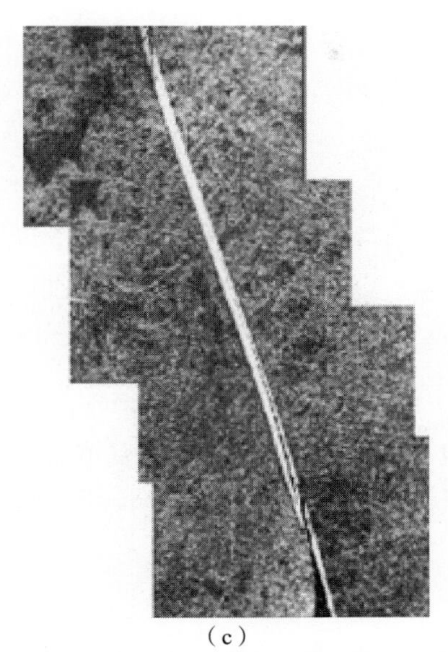

（c）

图 4.2　42CrNi2MoWV 的绝热剪切破坏（续）

（c）发生时的 ASB 形貌

由图 4.2 可知，随着应变的增加，两种材料在加载方式下的体积应力均不断增加。不同的是，未发生绝热剪切带破坏的材料的形变应力和体积应力未出现交点，而发生绝热剪切破坏的材料的形变应力和体积应力出现交点，即体积应力占总应力的 1/2。

4.2　层裂强度模型

由于与国防及其他工业领域关系密切，动高压加载技术于 20 世纪 40 年代兴起并迅速发展成熟，进而推动材料尤其是金属材料冲击响应特性研究进入黄金时期。如前所述，在冲击高压试验中，载荷以波的形式在样品中传播。对于大多数材料，受到压缩应力作用并于其中形成压缩波时，由于组成压缩波的各子波传播速率随加载应力升高而增大，因此后方子波总能赶上前方子波，以致所有子波阵面最终汇聚为一而形成“冲击波”。层裂作为金属材料在冲击波作用下的一种特有断裂模式，层裂强度在动载研究中有重要的意义。建立层裂强度与材料成分、组织和结构间的关联，是本书的一个目标。为此，引入参数 Q，它反映确定相的最大共价电子对数密度比和指数，代表在应变率为 $10^5 \sim 10^6\ s^{-1}$下各相的强化指标。层裂强度模型如下：

$$\sigma_{SP} = \sigma_b^{\alpha-Fe} Q^{\alpha-Fe} \left(1 + S^{\alpha-Fe-C} W^{\alpha-Fe-C} Q^{\alpha-Fe-C} + S^{\alpha-Fe-C-M} W^{\alpha-Fe-C-M} \cdot P^{\alpha-Fe-C-M} + S^{\varepsilon-(Fe,M)_3C} W^{\varepsilon-(Fe,M)_3C} Q^{\varepsilon-(Fe,M)_3C}\right) \tag{4.14}$$

$$Q^{\alpha-Fe} = \left(\frac{n_A}{V} \Big/ \frac{n_{A0}}{V_0}\right)^{y_{\alpha-Fe}} \tag{4.15}$$

$$Q^{\alpha-Fe-C} = \left(\frac{n_A}{V} \Big/ \frac{n_{A0}}{V_0}\right)^{y_{\alpha-Fe-C}} \tag{4.16}$$

$$Q^{\varepsilon-(Fe,M)_3C} = \left(\frac{n_A}{V} \Big/ \frac{n_{A0}}{V_0}\right)^{y_{\varepsilon-(Fe,M)_3C}} \tag{4.17}$$

式中：σ_{SP}为层裂强度；Q 与式（4.1）的不同之处在于其表达式中指数的差别，y 为其指数，其他符号的意义同式（4.1）。模型体现了层裂强度与成分（由 W 反映）、组织（由 S 反映）、价电子结构（由 S、W、Q 共同反映）和加载速度（由 Q 反映）的关联。

4.3 小　　结

在动态强度模型中，引用一维应变平板撞击的体积计算方法，推出了晶胞体积的变化，提出了最大共价电子对数密度这一价电子结构参数，动态模型中引入了价电子结构的因素。

基于经验电子理论构建了计算钢动态强度的新模型，包括绝热剪切模型和层裂强度模型。采用修正的最大共价电子对数表征强化系数 S，同时考虑了成分对强度的影响，表现为强化权重 W。该模型对钢动态理论强度的预测值与实验值能很好地吻合。

本模型引入价电子结构后，设计材料动（静）态强度的过程成为一个“拼装”过程。由于价电子结构是在电子层次上反映材料中原子结合的情况，对于从本质上建立材料物理和力学性能的预测模型提供了基本条件。

在本章提出了基于价电子结构的绝热剪切带产生判据：随应变率的提高，体积应力占总应力 1/2 时，发生绝热剪切，并进行了若干验证。

参考文献

[1] 王礼立. 应力波基础 [M]. 北京：国防工业出版社，2010.
[2] 谭华. 实验冲击波物理导引 [M]. 北京：国防工业出版社，2007.

[3] 王云飞，李云凯，孙川. 钢动静态强度的电子理论模型［J］. 物理学报，2014，63（12）：1261011－1261017.
[4] 程开甲，程漱玉. 论材料科学的基础［J］. 材料科学与工程，1998，16（1）：2－8.
[5] 刘志林. 合金价电子结构与成分设计［M］. 长春：吉林科学技术出版社，2002：3.
[6] 刘志林，林成. 合金电子结构参数统计值及合金力学性能计算［M］. 北京：冶金工业出版社，2008.
[7] 张瑞林. 固体与分子经验电子理论［M］. 长春：吉林科学技术出版社，1993.
[8] 刘志林，林成. 合金电子结构参数统计值及合金力学性能计算［M］. 北京：冶金工业出版社，2008.
[9] 刘志林. 合金价电子结构与成分设计［M］. 长春：吉林科学技术出版社，2002.

第 5 章

基于 EET 的毁伤与防护钢的设计

本章根据毁伤与防护材料的技术指标和动（静）态强度计算模型，设计出了一种中碳低合金钢的成分。根据前面章节中强度模型的原则，计算了材料中各相的强化权重和强化系数，得出各种强化机制的强度改变量，最终得到中温回火和低温回火的静态计算强度，应变率为 $10^3 \sim 10^4 s^{-1}$时的动态计算强度，应变率为 $10^5 \sim 10^6 s^{-1}$时的层裂计算强度。为后续章节中试验值与计算值的对比打下基础。

5.1 强度要求

毁伤与防护用钢的技术要求：静态屈服强度不低于 1 600 MPa，最大强度不低于 2 000 MPa；在动态加载下，应变率为 2 000 s^{-1}时，动态强度不低于 2 700 MPa；一维应变平板撞击时，在 300 ~ 450 m/s 加载速度下，层裂强度不低于 3. 5 GPa；设计出的材料试验强度与理论强度的误差，静态控制在 10% 以内，动态控制在 15% 以内，以考查模型的可靠性。

5.2 成分设计

5.2.1 C 含量的确定

根据较高的强度要求及硬度要求不低于 HRC50，55 mm × 10 mm × 10 mm 的夏比 U 形缺口试样冲击韧性要求不低于 40 J。因此，C 含量不能过高，也不能过低，根据马氏体的硬度与含 C 量的关系，应选在 0.30% ~0.50%（质量分数）为宜。此中碳钢经“淬火 + 低温”回火，可获得超高强度。

5.2.2 合金元素的确定

选用强化元素 Cr、Mo 和 V，韧化元素 Ni，强韧化元素 W。表 5.1 中元素的含量是由强度模型和技术指标计算确定的。

（1）Cr 的作用。当 C 含量介于 0.60 ~ 1.40 时，含 C – Cr 偏聚结构单元的 n_A^{C-Cr} 值比 C – Fe^{t}偏聚结构单元的 $n_A^{C-Fe^f}$ 大，因此它使贝氏体开始转变的温度范围下降，在 C 曲线的下部形成河湾，珠光体的鼻子不受影响。尽管 C – Cr 偏聚结构单元的 n_A^D 值很大，但因转变的过冷度较大，原子的迁移能力较小。因此，对 C 曲线向右拖曳的程度较弱。在这种含碳量下，Cr 的加入对提高淬透性作用有限。Cr 与 Mo、V 交互作用时，仍保持 Cr 的特征行为。

（2）Ni 的作用。Ni 在奥氏体中和 C 有很强的结合力。Ni 使 C 曲线下移，降低珠光体开始形成温度。权重较大时，贝氏体的鼻子和珠光体的鼻子分开。C 含量小于 0.50% 时，它所形成的 C – Ni 偏聚结构单元的 n_A^{C-Ni} 很大，权重较大时，可在淬火或等温淬火后保留较多的残余奥氏体，与其他元素交互作用时尤其如此。

（3）Mo 的作用。当 C 含量大于 1.50% 时，Mo 的作用与 Cr 相同。而 Cr、Mo 交互时，C – Cr – Mo 偏聚结构单元的 n_A 值更小，因此对 C 曲线的影响强于 Cr、Mo 的一元化合金。这就是 Cr、Mo 被广泛用于制作合金结构钢的原因。

（4）W 的作用。W 是一种与 C 亲和力极强的元素，在 C 含量为 0.15% ~ 1.40% 下，C – W 偏聚结构单元的 n_A 值都很大。因此，W 是强烈向右、向下拖曳 C 曲线的一种元素，并能在空冷时躲过珠光体的鼻子，甚至使鼻子不出现。与其他元素交互作用时仍保持 W 的特征行为。

（5）V 的作用。当 C 含量小于 0.60% 时，珠光体的鼻子向上、向右，在 C 曲线的上部形成河湾。与 Cr、Mo 交互时形成偏聚结构单元的珠光体的鼻子拖曳得较为强烈，而对贝氏体的鼻子几乎没有影响。

经计算和综合考虑，设计出的钢种（以下称 42CrNi2MoWV）成分如表 5.1 所示。

表 5.1 设计出的中碳低合金钢的成分

成分	C	Cr	Ni	Mo	W	V
wt%（质量分数）	0.30 ~ 0.50	0.65 ~ 1.20	1.15 ~ 1.60	0.25 ~ 0.60	0.45 ~ 0.60	0.05 ~ 0.15

5.3 强度计算

本节中介绍的计算强度包括静态计算强度、动态计算（绝热剪切）强度和层裂计算强度。根据上述模型，首先将表 5.1 中合金元素质量分数换算为摩尔分数，如表 5.2 所示。各合金马氏体相的最大共价电子对数和各相的 C 的摩尔分数也如表 5.2 所示。然后按式（3.6）~式（3.10）计算上述强化机制的强化系数及强化权重，如表 5.3 所示。

表 5.2 钢中元素的摩尔分数及各马氏体的最大共价电子对数

成分	C	Cr	Ni	Mo	W	V
wt%（质量分数）	0.50	1.20	1.60	0.60	0.60	0.15
100%	0.023 1	0.012 8	0.015 1	0.003 5	0.001 8	0.001 6
马氏体 n_A	1.020 1	1.619 3	1.413 5	2.742 5	2.742 5	2.677 6
含 Me 马氏体的 C 含量（at%）	0.004 1	0.006 5	0.005 6	0.003 5	0.001 8	0.001 6

表 5.3 强化系数与强化权重

强化机制	结构单元	系数 *C*	强化系数	指数 *m*	强化权重
固溶强化	α - Fe - C	8.652×10^{12}	0.375 9	25.830 0	0.004 1
	α - Fe - C - Cr	1.417×10^{10}	0.236 8	11.950 0	0.006 5
	α - Fe - C - Ni	1.550×10^{6}	0.271 3	6.492 0	0.005 6
	α - Fe - C - Mo	233.2	0.139 8	-0.280 5	0.003 5
	α - Fe - C - W	0.271 8	0.143 2	-1.019 8	0.001 8
弥散强化	VC	—	53.094 4	1.739 0	0.001 6

5.3.1 静态强度计算

对于中温回火，根据文献［3］中的方法，表 5.2 中各合金马氏体相的碳含量由合金马氏体相和合金渗碳体相的含碳量的最大共价电子对数加权分配。根据式（3.11）~式（3.13）计算各种强化机制下强度的改变量，如表 5.4 所示。

表 5.4 各种强化机制下强度的改变量（中温回火）

强化机制	结构单元	$\Delta\sigma_b$/MPa
晶粒尺寸强化	α－Fe	203.0
	α－Fe－C	43.1
（合金）马氏体固溶强化	α－Fe－C－Cr	394.0
	α－Fe－C－Ni	255.7
	α－Fe－C－Mo	179.8
	α－Fe－C－W	0.5
（合金）渗碳体固溶强化	ε－Fe_3C	33.2
	ε－$(Fe, Cr)_3C$	46.9
	ε－$(Fe, Ni)_3C$	41.2
	ε－$(Fe, Mo)_3C$	24.8
	ε－$(Fe, W)_3C$	12.7
弥散强化	VC	324.2

计算中温回火的静态强度结果：断裂强度即表 5.4 中各种强化机制下强度的改变量之和，σ_b = 1 559 MPa。

对于低温回火，表 5.3 中各合金奥氏体相的碳含量全部变为合金马氏体相的碳含量，不计合金渗碳体。计算各种强化机制下强度的改变量（低温回火），如表 5.5 所示。

计算低温回火的静态强度的计算结果：断裂强度即表 5.5 中各种强化机制下强度的改变量之和，σ_b = 1 900 MPa。

表 5.5 各种强化机制下强度的改变量（低温回火）

强化机制	结构单元	$\Delta\sigma_b$/MPa
晶粒尺寸强化	α－Fe	203.0
	α－Fe－C	76.3
（合金）马氏体固溶强化	α－Fe－C－Cr	638.2
	α－Fe－C－Ni	369.9
	α－Fe－C－Mo	287.7
	α－Fe－C－W	0.7
弥散强化	VC	324.2

5.3.2 绝热剪切强度计算

理论动态强度由式（3.9）结合各相强化权重和强化系数算得。应变率为 1 000 s^{-1}时，有

$$P^{\alpha-Fe}=1.3084 \quad (5.1)$$

$$P^{\alpha-Fe}\times P^{\alpha-Fe-C}=1.1868 \quad (5.2)$$

$$P^{\alpha-Fe}\times P^{\varepsilon-(Fe,M)_3C}=1.2794 \quad (5.3)$$

动态强度为

$$\sigma_b=\sigma_b^{\alpha-Fe}P^{\alpha-Fe}\left(1+S^{\alpha-Fe-C}W^{\alpha-Fe-C}P^{\alpha-Fe-C}+S^{\alpha-Fe-C-M}W^{\alpha-Fe-C-M}P^{\alpha-Fe-C-M}+S^{\varepsilon-(Fe,M)_3C}W^{\varepsilon-(Fe,M)_3C}P^{\varepsilon-(Fe,M)_3C}\right)=203\times1.3084\times\left(1+0.9071\times(0.3761+3.1440+1.8222+1.4173+0.0036+1.5970)\right)=2\ 280\ \text{MPa} \quad (5.4)$$

应变率为 2 000 s^{-1}时，有

$$P^{\alpha-Fe}=1.0043^{122.3046}=1.6901 \quad (5.5)$$

$$P^{\alpha-Fe-C}=1.0026^{-69.70446}=0.8344 \quad (5.6)$$

$$P^{\alpha-Fe}\cdot P^{\alpha-Fe-C}=1.6901\cdot P^{\alpha-Fe-C}=1.4103 \quad (5.7)$$

$$P^{\varepsilon-(Fe,M)_3C}=1.07^{-14.94626}=0.3638 \quad (5.8)$$

$$P^{\alpha-Fe}\cdot P^{\varepsilon-(Fe,M)_3C}=1.6901\cdot P^{\varepsilon-(Fe,M)C}=0.6148 \quad (5.9)$$

动态强度为

$$\sigma_b=\sigma_b^{\alpha-Fe}P^{\alpha-Fe}(1+S^{\alpha-Fe-C}W^{\alpha-Fe-C}P^{\alpha-Fe-C}+S^{\alpha-Fe-C-M}W^{\alpha-Fe-C-M}P^{\alpha-Fe-C-M}+S^{\varepsilon-(Fe,M)_3C}W^{\varepsilon-(Fe,M)_3C}P^{\varepsilon-(Fe,M)_3C})=203\times1.69\times[1+0.8344\times(0.3761+3.1440+1.8222+1.4173+0.0036+1.5970)]=2\ 736\ \text{MPa} \quad (5.10)$$

5.3.3 层裂强度计算

一维应变平板撞击应变率很大（$10^5\sim10^6\ s^{-1}$），体积应变率可以由式（6.19）计算。在 300 ~ 450 m/s 加载速度下，体积应变率计算结果如表 5.6 所示。

表 5.6 体积应变率 η

加载速度/($m\cdot s^{-1}$)	$\alpha-Fe$	$\alpha-Fe-C$	$\varepsilon-Fe_3C$
300	0.032 51	0.032 54	0.032 48

续表

加载速度	α - Fe	α - Fe - C	ε - Fe_3C
350	0.037 66	0.037 68	0.037 67
400	0.042 77	0.042 80	0.042 73
450	0.047 82	0.047 78	0.047 77

由表5.6可知，随着加载速度的提高，应变率逐渐增加；而体积变小在微观上的反映就是晶格常数变小。根据固体与分子经验电子理论，价电子结构会变化，最大共价电子对数也变化。在四种加载速度（300 m/s、350 m/s、400 m/s和450 m/s）下，材料中各相最大共价电子对数比如表5.7所示。

表5.7　各相最大共价电子对数比（n_A/n_{A0}）

加载速度/(m·s^{-1})	α - Fe	α - Fe - C	ε - Fe_3C
300	1.047 5	1.028 8	1.054 5
350	1.050 3	1.026 6	1.052 5
400	1.047 3	1.024 4	1.050 6
450	1.047 3	1.022 3	1.048 6

由表5.7可以看出，随着加载速度的提高，α - Fe - C相和ε - Fe_3C相的最大共价电子对数减小，而α - Fe相的最大共价电子对数先增加，在350 m/s时达到最高，随后开始减小。这反映了一维应变平板撞击时，价电子结构变化的复杂性。

而在四种加载速度下，各相最大共价电子对数密度比如表5.8所示。

表5.8　各相最大共价电子对数密度比$\left(\frac{n_A}{V}\bigg/\frac{n_{A0}}{V_0}\right)$

加载速度/(m·s^{-1})	α - Fe	α - Fe - C	ε - Fe_3C
300	1.082 7	1.063 4	1.089 9
350	1.091 4	1.066 8	1.093 7
400	1.094 1	1.070 2	1.097 5
450	1.099 9	1.073 6	1.101 2

由表5.8可以看出，随着加载速度的提高，α - Fe相、α - Fe - C相和ε - Fe_3C相的最大共价电子对数密度比均逐渐增加。

层裂计算强度由式（4.14）求得。其中，取 $y_{\alpha-Fe}=13.0$，$y_{\alpha-Fe-C}=16.8$，$y_{\varepsilon-(Fe,M)_3C}=18.5$，结合各相静态强化增量算得冲击速度 300 m/s 下的层裂强度为

$$\begin{aligned}\sigma_{SP}&=\sigma_b^{\alpha-Fe}Q^{\alpha-Fe}\ (1+S^{\alpha-Fe-C}W^{\alpha-Fe-C}Q^{\alpha-Fe-C}+S^{\alpha-Fe-C-M}W^{\alpha-Fe-C-M}\cdot\\&\quad P^{\alpha-Fe-C-M}+S^{\varepsilon-(Fe,M)_3C}W^{\varepsilon-(Fe,M)_3C}Q^{\varepsilon-(Fe,M)_3C})\\&=203\times(1.082\,7)^{13.0}+873\times(1.082\,7)^{16.8}+159\times(1.082\,7)^{18.5}\\&=3.80\ (\text{GPa})\end{aligned}\tag{5.11}$$

使用同样的方法，计算得到速度为 350 m/s、400 m/s 和 450 m/s 时的层裂强度分别为

$$203\times(1.091\,4)^{13.0}+873\times(1.066\,8)^{16.8}+159\times(1.093\,7)^{18.5}=4.05\ (\text{GPa})\tag{5.12}$$

$$203\times(1.094\,1)^{13.0}+873\times(1.070\,2)^{16.8}+159\times(1.097\,5)^{18.5}=4.27\ (\text{GPa})\tag{5.13}$$

$$203\times(1.099\,9)^{13.0}+873\times(1.073\,6)^{16.8}+159\times(1.101\,2)^{18.5}=4.53\ (\text{GPa})\tag{5.14}$$

5.4 小　　结

根据强度要求及第 3 章和第 4 章中基于固体与分子经验电子理论的静态强度模型、“绝热剪切”强度模型及层裂强度模型设计出了 42CrNi2MoWV。其强度计算值如下。

（1）静态强度计算值。中温回火时，断裂强度为 1 559 MPa；低温回火时，断裂强度为 1 900 MPa。

（2）“绝热剪切”强度计算值。应变率为 1 000 s^{-1}时，为 2 280 MPa；应变率为 2 000 s^{-1}时，为 2 736 MPa。

（3）层裂强度计算值。冲击速度为 300 m/s 时，层裂强度为 3.80 GPa；冲击速度为 350 m/s 时，层裂强度为 4.05 GPa；冲击速度为 400 m/s 时，层裂强度为 4.27 GPa；冲击速度为 450 m/s 时，层裂强度为 4.53 GPa。

参考文献

[1] 王云飞，李云凯，孙川．钢动静态强度的电子理论模型［J］. 物理学报，2014，63（12）：1261011 – 1261017.

[2] 刘志林. 合金价电子结构与成分设计 [M]. 长春：吉林科学技术出版社，2002.
[3] 刘志林，林成. 合金电子结构参数统计值及合金力学性能计算 [M]. 北京：冶金工业出版社，2008.
[4] 王云飞. 耐热耐磨钢的组织与性能研究 [D]. 洛阳：河南科技大学，2009.

第6章 42CrNi2MoWV 钢的制备与分析

为了检验第 3、第 4 章中强度模型尤其第 5 章中的各种计算强度，本章首先介绍试验材料的制备方法，铸造、锻造和热处理等以及力学性能测试方法，如静态强度、硬度、冲击韧性、断裂韧性和动态强度等；然后介绍一维应变平板撞击试验和靶试验装置、原理以及后续处理方法。

6.1 制备方法

试验原材料为碳粉（99.9%）、铁粉（纯度 97.0%）、铬粉（纯度 99.9%）、镍粉（纯度 99.9%）、钒粉（纯度 99.9%）和钨粉（99.9%）。各组分质量比例如表 5.1 所示。原材料来源：碳粉，洛阳银冶金属炉料有限公司；铁粉，洛阳银冶金属炉料有限公司；铬粉，扬州洪金金属材料有限公司；钒粉，北京志诚稀土有限公司；钨粉，株洲精钻硬质合金有限公司；镍粉，金川集团镍合金有限责任公司。

所述试验材料冶炼及铸造方法步骤如下。

将原材料共计 50 kg 混合熔炼，熔炼炉为中频感应电炉。为进一步去除钢中的杂质，进行电渣重熔精炼，钢水出炉温度为 1 600 ℃，经砂型铸造成直径为 ϕ100 mm 的棒料，造型材料为水玻璃石英砂，CO_2气体硬化。

把 ϕ100 mm 的棒料锻成若干 ϕ30 mm、ϕ20 mm 和 ϕ15 mm 的棒料。工艺路

线如下。

（1）锻。始锻温度为 1 200 ℃，终锻温度为 1 000 ℃，锻后缓冷。

（2）去应力退火。退火温度为 550 ℃，保温 1 h。

6.2 热处理工艺

热处理采用了 900 ℃和 950 ℃两种淬火温度 + 低温、中温、高温回火，以验证和对比淬火 + 中温、低温回火时的理论强度。具体热处理工艺方案如图 6.1 所示。

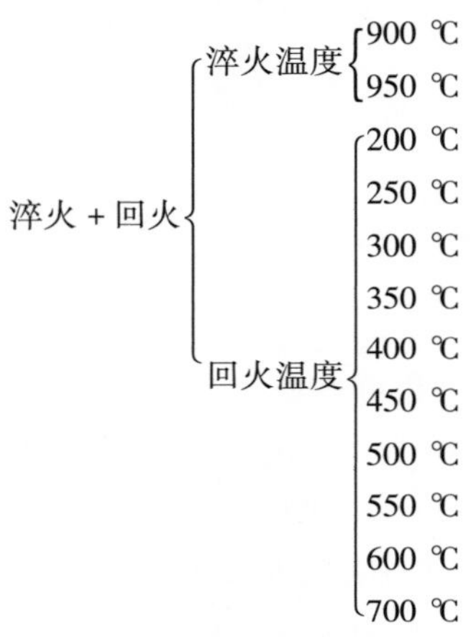

图 6.1 热处理工艺方案

6.3 力学性能

热处理后的材料需进行一系列力学性能测试、一维应变平板撞击试验和靶试验，按照力学性能测试国家标准或实际需要，采用车、磨、线切割等机械加工方法。加工商为北京速来凯达科技有限公司。

6.3.1 静态力学性能

静态力学性能的测试包括材料的静态拉伸强度的测试和洛氏硬度的测试。

1. 静态拉伸强度的测试

本测试对材料做了室温状态下的静态拉伸试验，主要的性能指标是抗拉强度、屈服强度、断面收缩率和断后伸长率，以评定静态力学性能。本测试采用圆试样，按照《金属材料　拉伸试验　第 1 部分：室温试验方法》GB/T 228—2021 将试样做成形状尺寸，如图 6.2 所示。

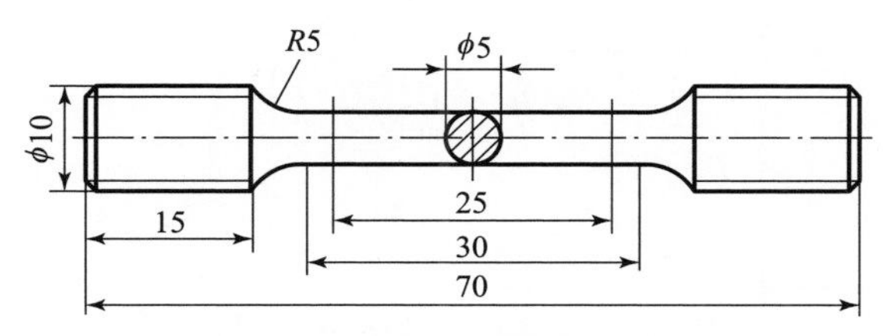

图 6.2　静态拉伸试样尺寸

试样由三部分组成，即工作部分、过渡部分和夹持部分。其中，工作部分光滑均匀，以确保材料表面的单向应力状态，工作部分的直径 d_0 和截面面积 A_0 分别为 5 mm 和 19.625 mm^2；过渡部分的圆角具有降低应力集中，保证该处不会断裂的作用。

该测试用设备为 WDW—E100D 型微机控制电子式万能试验机。

2. 洛氏硬度（HRC）的测试

对经过不同热处理后的 RASF 钢进行洛氏硬度测试方法：首先，对已热处理的试样去除氧化皮，其次在 HR－150 型洛氏硬度计上测量其洛氏硬度值。例如，测试试样尺寸为 20 mm × 20 mm × 10 mm 的 RASF 钢的洛氏硬度，在每个试样上至少打三个点，每两个点之间的距离超过 10 mm，三个点的硬度取其平均值作为一个试样的洛氏硬度值。

6.3.2　冲击韧性

本书用冲击吸收功表示材料的冲击韧性，冲击韧性试验在夏比冲击试验机上进行，按照《金属材料　夏比摆锤冲击试验方法》GB/T 229—2020，采用夏比 U 形缺口试样，试样的形状和尺寸如图 6.3 所示。测定的值为材料的冲击吸收功 A_{ku}，每组热处理工艺下的材料测试三个试样。其中，A_{ku} 取平均值。

6.3.3　断裂韧性

断裂韧性试验在 RSA－250 申克试验机上进行，测定断裂韧性 K_{1C}。断裂韧度表示在平面应力条件下材料抵抗裂纹失稳扩展的能力，国家标准中规定了四种

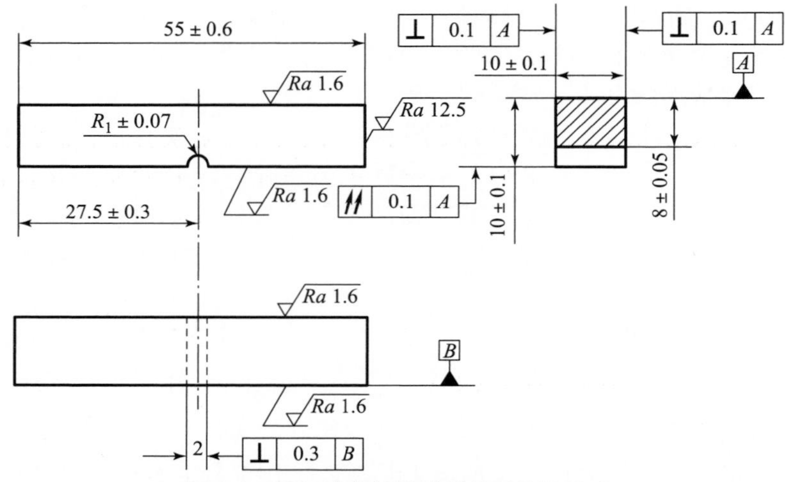

图 6.3　缺口冲击韧性试样的形状及尺寸

测试试样，常用的是三点弯曲和紧凑拉伸两种。本书采用紧凑拉伸试样，按照《金属材料　表面裂纹拉伸试样断裂韧度试验方法》GB/T 7732—2008，标准紧凑拉伸试样示意如图 6.4 所示，试样的最小厚度为 32 mm，根据图 6.4 中尺寸比例关系，确定试样宽度 W 为 64 mm 和长度为 77 mm。试验后取三组平均值作为试验结果。

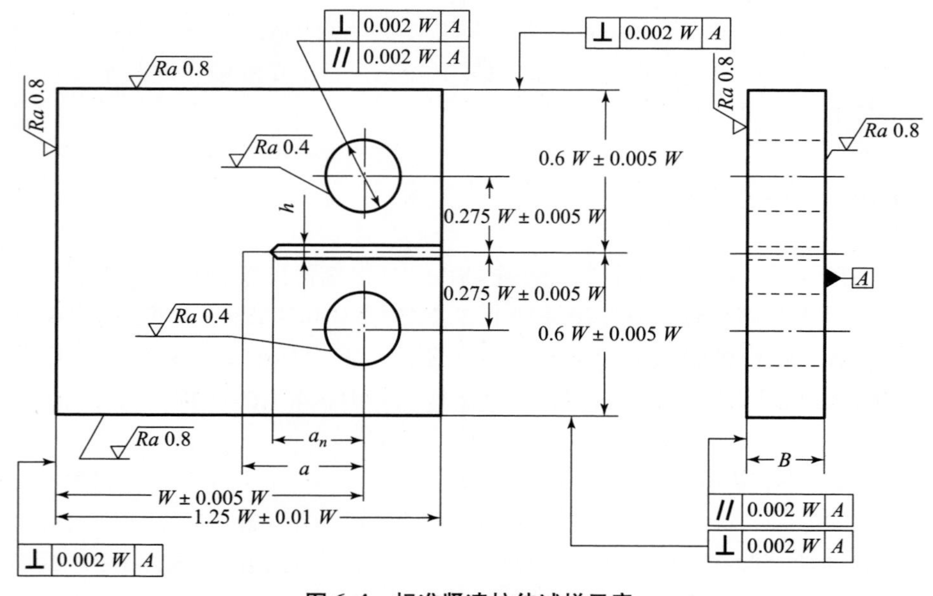

图 6.4　标准紧凑拉伸试样示意

6.3.4　动态压缩性能

动态压缩试验地点为北京理工大学材料学院动态性能实验室；试验装置主要是分离式霍普金森压杆（SHPB）；试验方式为子弹以不同的速度（冲击能量）冲击不同形状（柱型或者帽型）的试样。通过与分离式霍普金森压杆装置相连的应力应变片及相关的电子记录设备，记录试样冲击过程中入射杆和透射杆的即时应变的波形数据。根据应力波理论，得到试样材料的应力—应变—时间关系曲线、应变—时间关系曲线及应变率—时间关系曲线，以测定动态加载下的强化效应。其目的是在高的压缩应变率下用霍普金森杆测定材料在高应变率条件下的应变率强化效应和绝热剪切性能。

装置加载部分为一个气枪，包含大小两个气室，枪管内径 ϕ14.5 mm，长为 1 300 mm，大小气室中的气压可调，用于控制子弹发射，子弹在枪膛内的最大有效加速距离为 950 mm。子弹和波导杆均为圆柱形，采用 18Ni 马氏体时效钢加工而成，时效后的硬度为 48 HRC；子弹和波导杆外径均为 ϕ14.5 mm，波导杆长度为 700 mm。导杆支撑部分由滑块和导轨两部分组成，通过调整导轨的高低和水平位置，可以保证子弹和波导杆具有良好的同心度，高同心度是试验取得良好波形的重要因素。

波导杆中部对称地贴有箔式电阻应变片，使用 502 胶水作为黏合剂。信号放大装置采用北戴河电子仪器厂生产的 CS-4D 动态应变仪，记录终端是装有信号采集卡的计算机，记录软件为 TopView2000。

在试验中，由气枪膛内的高压气体驱动子弹，撞击输入杆，通过调整小气室气压控制子弹的速度，子弹在撞击输入杆之前的速度通过光电测速装置记录。根据应力波理论，输入杆中压力幅值由撞击速度来决定。输入波的脉冲宽度 T 由子弹的长度 L 来决定，即

$$T = 2 \times L/C_0 \tag{6.1}$$

式中：C_0为弹中弹性波速，经过测量 $C_0 = 5000\ \mathrm{m/s} + 2\%$。当子弹长度为 200 mm 时，对应的 $T_{L=200} = 80\ \mu\mathrm{s}$。

动态冲击柱形试样尺寸为 ϕ5 mm × 5 mm，帽形试样的形状及尺寸如图 6.5 所示。

应变率直接影响绝热剪切过程，在很大程度上又取决于冲击能量的大小；而分离式霍普金森压杆装置的冲击能量取决于子弹的动能，通过控制子弹的速度控制子弹的动能。为了测量应变率对绝热剪切带的影响，需要 $10^3\ \mathrm{s}^{-1}$数量级的应变率。根据经验总结，选取小气室的压力为 0.5 ~ 1.2 MPa。动态压缩试验参数如

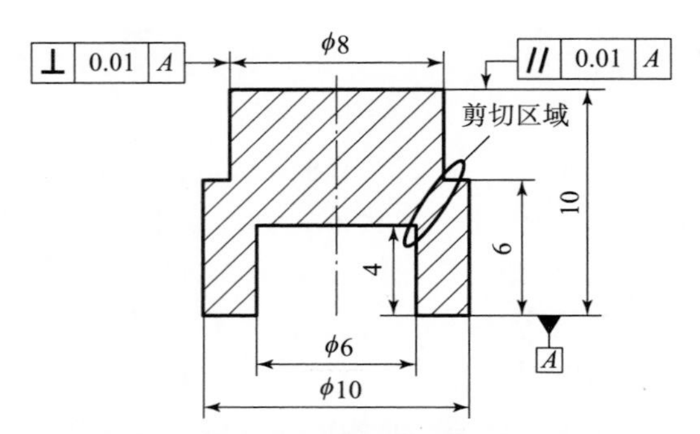

图 6.5　动态冲击用帽形试样的形状及尺寸

表 6.1 所示。

表 6.1　动态压缩试验参数

参数	柱形试样	帽形试样
子弹长度/mm	200	200
输入波脉冲宽度/μs	80	80
热处理工艺	淬火 + 低、中、高温回火	淬火 + 低、中、高温回火
打击压力/MPa	0.5 ~ 1.2	0.5 ~ 0.8

对于柱状试样，其数据的处理采用常规方法；而对于帽形试样，其数据的采集方法与柱形试样一样，通过应变片测得输入杆和输出杆上的应变信号，用数据采集卡采集，再对记录信号进行分析，从而获得试样剪切部位的应力、应变和应变率等信息。

具体处理方法：帽形试样的尺寸设计保证了试样与入射杆的接触面积等于与透射杆的接触面积。对于帽形试样，要计算剪应力和应变，应分别定义：

$$\tau = \frac{P}{\pi h\left(\frac{d_1 + d_2}{2}\right)} \tag{6.2}$$

$$\gamma = \frac{\delta}{t} \tag{6.3}$$

图 6.6 所示中，d_1和 d_2分别为剪切圆环部分的外径和内径；h 为剪切圆环部分的高度；t 为剪切带厚度；δ 为位移。若采用入射、反射和透射脉冲，则式（6.2）和式（6.3）可改写为

$$\tau = \frac{EA\varepsilon_t}{\pi h\left(\frac{d_1 + d_2}{2}\right)} \tag{6.4}$$

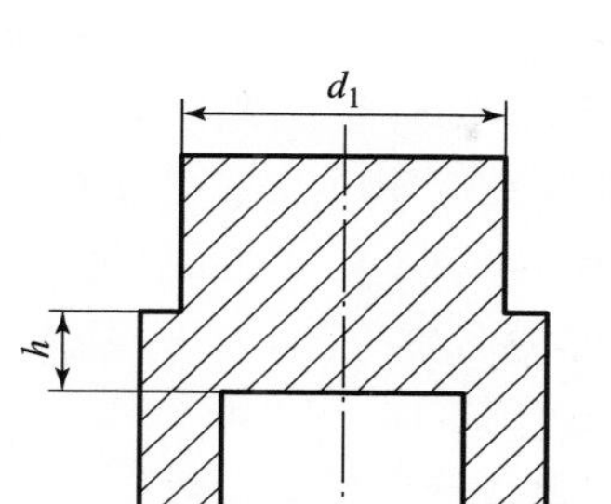

图 6.6　动态冲击帽形试样剖视图

$$\gamma = \frac{2c_0 \int_0^t (\varepsilon_i - \varepsilon_t)\,\mathrm{d}t}{t} \tag{6.5}$$

$$\dot{\gamma} = \frac{2c_0(\varepsilon_i - \varepsilon_t)}{t} \tag{6.6}$$

因此，可以采用柱形试样的处理程序来处理帽形试样，只需在系数上改变，应力系数为

$$C_{\text{stress}} = \frac{d^2}{2h(d_1 + d_2)} \tag{6.7}$$

$$C_{\text{strain}} = \frac{L}{t} \tag{6.8}$$

所以，现在采用的帽形试样的等效直径为

$$d^2 = 56\ \text{mm} \tag{6.9}$$

$$l = \text{剪切带宽} \tag{6.10}$$

进行 SEM 观察时，动态压缩试验的试样切割位置的选择：根据经验，以及试样中应力可能集中分布的区域，可以大致判断出绝热剪切带出现的位置，从而确定切割的位置，使其剖面上最容易出现绝热剪切带。因此，对于帽形试样和直圆柱形试样，均直接在其中部沿中心轴线剖开观察。

6.4　动态层裂性能测试

6.4.1　物理参数测定

物理参数的测定均在北京理工大学热物性实验室进行。密度 ρ_0 采用阿基米德排水法测得，试样名义尺寸为 $\phi 3$ mm × 3 mm；弹性模量 E 和泊松比 ν 使用 HDT－1 固体材料弹性性能测试仪测得，试样名义尺寸为 60 mm × 15 mm × 3 mm；线性热膨胀系数 α_l 使用 NETZSCH DIL 402C 自动热机械分析仪测得，升温速度为 5 K/min，试样名义尺寸为 $\phi 4$ mm × 25 mm；熔点 T_m 和定压比热容 c_p 使用 NETZSCH DSC 404 F3 差示扫描量热仪测得，升温速度为 5 K/min，试样名义尺寸为 $\phi 3$ mm × 3 mm。

根据测得的物理参数，可以确定以下参数。

体积模量：

$$K = \frac{E}{3 \times (1 - 2\nu)} \tag{6.11}$$

流体力学声速：

$$C_b = \sqrt{\frac{K}{\rho_0}} \tag{6.12}$$

一维应变弹性纵波声速：

$$C_1^e = \sqrt{\frac{K(1 - \nu)}{\rho_0 \times (1 + \nu) \times (1 - 2\nu)}} \tag{6.13}$$

体积热膨胀系数：

$$\alpha_V = 3\alpha_l \tag{6.14}$$

定压比热容可由

$$c_p - c_V = ATc_p^2 \tag{6.15}$$

求解获得。其中，$A = \frac{0.021\,4}{T_m}$。

Grüneisen 系数可由

$$\gamma(V) = \frac{\alpha_v c_b^2}{c_V \times [1 + \alpha_V \times \gamma(V) \times T]} \tag{6.16}$$

求解获得。其中，$T = 293.15$ K（室温）。

冲击波速度与粒子速度关系的斜率 λ 可由达－麦公式

$$\gamma(V) = 2\lambda - \left(\frac{2}{3 \times 2} + \alpha\right) \tag{6.17}$$

求解获得。其中，$\alpha = 2/3$。

42CrNi2MoWV 钢的性能参数如表 6.2 所示。

表 6.2　42CrNi2MoWV 钢的性能参数

$\rho_0/(\mathrm{kg\cdot m^{-3}})$	E/GPa	ν	K/GPa	$C_b/(\mathrm{m\cdot s^{-1}})$	T_m/K
7 879.3	199.6	0.284	154	4 421	1 771

$\alpha_l/(10^5\mathrm{K})^{-1}$	$\alpha_V/(10^5\mathrm{K})^{-1}$	$c_p/[\mathrm{J\cdot(kg\cdot K)^{-1}}]$	$c_V/[\mathrm{J\cdot(kg\cdot K)^{-1}}]$	α	Γ	Λ
1.26	3.78	469.4	468.6	2/3	1.55	1.275

6.4.2　靶内压力预估

试验用飞片与靶板材料相同，碰撞为对称碰撞，靶内粒子速度 u 等于飞片着靶速度的 1/2，即

$$u = \frac{W}{2} \tag{6.18}$$

材料经冲击波压缩时的比容比 V/V_0 及体积应变 η 的表达式可由下式计算：

$$\begin{cases} \dfrac{V}{V_0} = \dfrac{\rho}{\rho_0} = 1 - \dfrac{u}{D} \\ \eta = 1 - \dfrac{V}{V_0} = \dfrac{u}{D} = \dfrac{u}{C_0 + \lambda u} = \dfrac{W}{2C_0 + \lambda W} \end{cases} \tag{6.19}$$

根据守恒方程式、线性 $D-u$ 关系可求出靶内压力 p_H 与比容 V/V_0 及体积应变 η 间的关系：

$$p_H = \rho_0 C_0^2 \frac{1 - V/V_0}{\left[1 - \lambda\left(1 - \dfrac{V}{V_0}\right)\right]^2} \tag{6.20}$$

或

$$p_H = \rho_0 C_0^2 \frac{\eta}{[1 - \lambda\eta]^2} \tag{6.21}$$

可以预估材料的冲击压力 p_H 以及塑性波速度 D 与塑性波后粒子速度 u 之间的关系。因手工运算繁杂，且容易出错。为方便起见，在 MATLAB 7.0 环境下开发了专用的计算软件，程序见附录 B，用户界面如图 6.7 所示。

操作方法为依次输入密度、弹性模量、泊松比、体膨胀系数、熔点、定压比热容和飞片速度，单击“计算体积应变和靶力压力（Hugoniot）”按钮，即可得到体积应变和靶内压力 p_H。对于试验钢，设计速度为 300 ~ 450 m/s 的预估体积应变和靶内压力如表 6.3 所示。

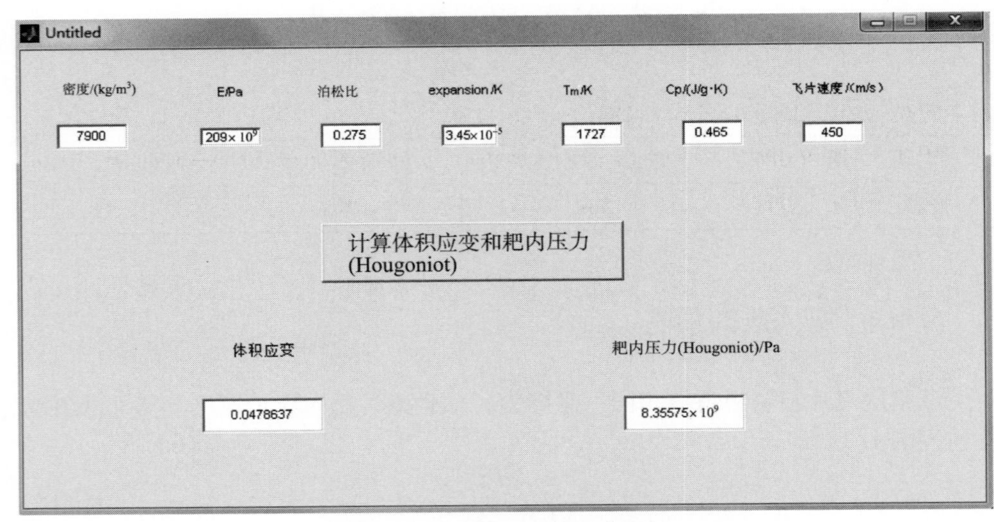

图 6.7　靶内压力预估用户界面

表 6.3　设计速度为 300～450 m/s 的预估体积应变靶内压力

编号	设计撞击速度 $/(\mathrm{m\cdot s^{-1}})$	预估体积应变	预估靶内压力 p_H/GPa
1	300	0.033	5.37
2	350	0.038	6.30
3	400	0.044	7.23
4	450	0.049	8.17

6.4.3　靶板及飞片尺寸设计

本书采用圆形飞片撞击等直径靶板的方法确定 42CrNi2MoWV 钢的层裂参数。依据试验用轻气炮技术参数确定靶板及飞片直径为 53 mm；为观察层裂之便，设计靶板厚度为飞片厚度的两倍；为保证测试精度，应使发生层裂部位内传播的冲击波为均匀平面波，因而在靶板尺寸设计时须考虑边侧稀疏波及追赶稀疏波对加载平面的影响，以满足上述要求。

由于实际靶板横向尺寸不可能无限大，因而当一平面冲击波进入靶板后，必在其侧向自由表面形成反射稀疏干扰波。这一干扰波将使加载冲击波强度降低，并使波阵面弯曲。显然，靶板中心应置于干扰波影响区域之外。该影响区域的大小可用卸载角 φ 表征：

$$\tan \varphi = \frac{\sqrt{C_H^2 - (D-u)^2}}{D} \tag{6.22}$$

式中：C_H为特定冲击压力 p_H下靶板中的绝热声速。

由于 C_H随 p_H的增大而增大，所以 φ 也随 p_H的增大而增大。一般而言，当 p_H处于几十吉帕压力范围内时，$\varphi < 40°$，靶板直径 d_t、厚度 δ_t与 φ_c应满足：

$$\frac{d_t}{2\delta_t} > \tan \varphi_c \tag{6.23}$$

若 $\varphi_c = 45°$，则

$$\frac{d_t}{\delta_t} > 2 \tag{6.24}$$

即靶板直径 d_t应为其厚度 δ_t的两倍以上。设计靶板尺寸为 ϕ53mm ×6mm，飞片尺寸为 ϕ53 mm ×3 mm。

6.4.4　一维应变平板撞击试验装置

为探究其层裂强度随冲击压力的变化规律，并精确测定试验材料的 Hugoniot 弹性极限，本书进行了一系列利用 VISAR 监测靶板自由表面速率—时间关系曲线的一维应变平板撞击试验。该试验在北京理工大学爆炸科学与技术国家重点实验室进行，试验用一级高压气炮发射管的内径和长度分别为 ϕ57 mm 和 8 m。飞片使用与靶板同种类型的材料以保证对称碰撞，着靶速率 $W < 500$ m/s，靶板尺寸及飞片尺寸分别为 ϕ53 mm ×6 mm 及 ϕ53 mm ×3 mm。靶板及飞片径车削加工后，撞击表面需用砂纸研磨，以保证其表面粗糙度 $Ra < 0.8$ μm，平面度优于 5 μm；靶板自由面（VISAR 监测表面）需用机械抛光（$Ra < 0.1$ μm），以保证其具有较好的光反射性。其效果如图 6.8 所示。

图 6.8　研磨抛光后的靶板自由面

试验撞击平行度优于 1×10^{-3}rad，采用位移干涉测速技术（DISAR）测量飞片着靶速率，试验装置示意及其安装方式如图 6.9 所示。由于粒子速度 u 与飞片着靶速率 W 密切相关，为保证测量精度，试验中采用激光测试技术进行飞片着靶速率测量，其精度优于 0.5%，具体测量原理可参阅有关文献。VISAR 测量装置示意如图 6.9 所示。利用半导体激光器、分光镜及全反射镜在靶前产生散列具有一定间隔的平行激光束，并在对应位置布置光敏探测器（PIN 管），当携带飞片的弹体穿过并遮挡激光束时，将形成光电脉冲，通过转换电路将光电脉冲信号转化为电压—时间信号，随后通过数据处理软件判读飞片穿过各激光束的时间差，去除 PIN 管间距，即可算出飞片着靶速率 W。

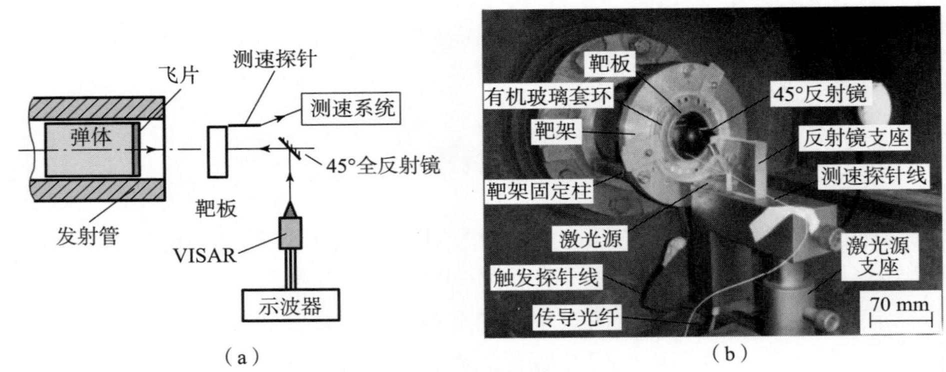

（a）　　　　　　　　　　　　（b）

图 6.9　VISAR 测量装置示意及安装方式

（a）装置示意；（b）安装及导线接引方式

根据试验需要，可采用北京理工大学爆炸科学与技术国家重点实验室研制的锰铜压阻应力计，作为测定冲击波速度 D 和靶内压力 p_H 的传感器，其工作原理可参阅相关文献。当预估压力小于 5 GPa 时，使用高阻值螺旋型锰铜计以提高测量精度；而预估压力大于 5 GPa 时，则使用低阻值双Ⅱ型或 H 型锰铜应力计。压阻型锰铜应力传感器的压阻关系可由下式表示：

$$p = \sum_{i=0}^{n}\left[A_i\left(\frac{\Delta R}{R_0}\right)^i\right] \tag{6.25}$$

式中：p 为压力（GPa）；A_i 为压阻系数；ΔR 为电阻变化量；R_0 为锰铜压力计初始电压值。

一般取 $n=4$，则式（6.25）可展开为

$$p = A_0 + A_1\left(\frac{\Delta R}{R_0}\right) + A_2\left(\frac{\Delta R}{R_0}\right)^2 + A_3\left(\frac{\Delta R}{R_0}\right)^3 + A_4\left(\frac{\Delta R}{R_0}\right)^4 \tag{6.26}$$

各类锰铜压力计相关参数如表 6.4 所示。

表 6.4　各类锰铜压力计的压阻系数值

锰铜计类型	初始阻值 R_0/Ω	适用压力范围 p_A[a]/GPa	A_0[a] /GPa	A_1[a] /GPa	A_2[a] /GPa	A_3[a] /GPa	A_4[a] /GPa
螺旋型	50	1.50 ~ 12.67	0.325 2	40.273 3	0	0	0
双Ⅱ型	0.1	1.50 ~ 41.76	0.763 6	34.628 0	6.007 6	0	0
H 型	0.1	2.04 ~ 53.47	0.622 5	35.200 8	7.686 0	0	0

注：(a) p_A 及 $A_0 \sim A_4$ 值均由北京理工大学爆炸科学与技术国家重点实验室提供。

压阻型传感器接入电桥测量电路，将电阻变化 $\Delta R/R_0$ 转换为相应的电压变化 $\Delta U/U_0$。试验中，实际的靶内压力 p_H 可通过式（6.26）计算获得。

6.4.5　层裂强度等参数的计算方法

试验完成后，可得到靶板自由表面速率—时间关系曲线，如图 1.1 所示。Hugoniot 弹性极限为

$$\sigma_{HEL} = \frac{1}{2}\rho_0 C_1^e u_e \tag{6.27}$$

式中：u_e 为弹性先驱波到达试样后界面时的自由面速度。

层裂强度为

$$\sigma_{sp} = \rho_0 C_b \Delta u_{fs} \frac{1}{1 + C_b/C_1^e} \tag{6.28}$$

根据试样发生层裂后，弹性波在裂片中的振荡周期确定层裂片的厚度为

$$\sigma_s = C_e T/2 \tag{6.29}$$

式中：T 为弹性波在层裂片中的振荡周期。

加载应变率为

$$\dot{\varepsilon} = \frac{u}{d_f} \tag{6.30}$$

式中：d_f 为飞片的厚度。

6.5　靶试试验

军事目标如用来生产核武器或化学武器的地下掩体，或高层军事指挥部所在

的经过加固的地下军事设施中，混凝土都扮演着重要角色。混凝土是一种各向异性、不均匀的多孔材料，因此侵彻后的混凝土靶的破坏显得非常复杂。理论分析或数值模拟都很难全面、精确地描述侵彻过程中弹靶间的作用情况，所以进行的模拟弹靶侵彻试验是非常必要的。通过试验可以直接得到弹体侵彻深度，以及侵彻过后弹体的磨损情况和靶体的破坏现象，如弹体表面的划痕和弹头部分的磨损，以及混凝土靶表面的崩落、靶体裂纹、靶中弹体的运行轨迹等。这为弹靶侵彻研究提供了第一手资料。本书试验在中国兵器工业集团总公司第五二研究所进行。

本章主要通过设计多个靶试试验为手段，对高速模拟弹侵彻混凝土靶进行研究。模拟弹以相同的设计初速度 1 400 m/s 对不同标号的水泥靶 C50、C45 进行侵彻试验；以不同的设计初速度 1 400 m/s、1 200 m/s 对相同标号的水泥靶 C50 进行侵彻试验。之后研究侵彻后弹体和水泥靶的破坏情况，尤其是不同初速度和水泥靶标号对穿深的影响。

6.5.1 试验装置

发射装置是由 37 mm 口径的弹道炮改装而成的，如图 6.10 所示。该炮是在双 37 mm 舰炮的基础上设计的目前国内穿甲模拟实验室发射装置中口径最大的弹道炮，具有弹速高、口径大、性能稳定等特点。主要参数：口径为 ϕ37 mm；管长为 $L=2\ 500$ mm；膛压为 $p_{max}=2\ 950$ MPa；速度为 $v_{max}=1\ 600$ m/s。

图 6.10 发射装置实物

双 37 mm 舰炮由发射装置、消声装置、测速装置、混凝土靶箱和混凝土靶 5 个部分组成。各部分位置示意如图 6.11 所示。

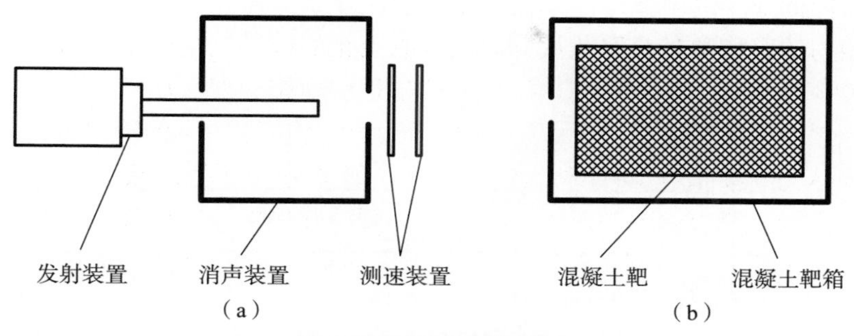

图 6.11　试验装置示意

室内试验的弹道炮通过特制的炮台将炮固定，从而使得炮管水平度达到试验的要求。为了减小室内试验的噪声，在炮口的前端加了消声装置。

测速装置安装在消声装置之前，该装置是由两组铝箔板和电子测时仪组成。其中，在每组铝箔板中平行放置（夹持）两个不接触的铝箔。测速的原理是，当弹体穿过每组的铝箔时，巨大的冲击力使得两片铝箔通过弹体相接触，从而形成一个回路而产生电信号，并将产生的电信号回传到测时仪；而当弹体脱离后铝箔时，即回路被破坏时，回传到测时仪的电信号消失。信号的产生和消失会对应测时仪器中的两个时间点 T_1、T_2。通过测量得到前后铝箔板间的距离 L，则可以得到弹体的速度：

$$v = \frac{L}{T_1 - T_2} \tag{6.31}$$

为了使不同试验具有可比性，可以通过装药量的调整，试验以两种初速度 1 400 m/s 和 1 200 m/s 垂直侵彻水泥靶板，而两种混凝土靶板标号为 C50 和 C45。

6.5.2　弹体

弹体为两种空心、卵形尖头的结构。

第一种称为常规弹。其各部位的形状及尺寸如图 6.12 所示。

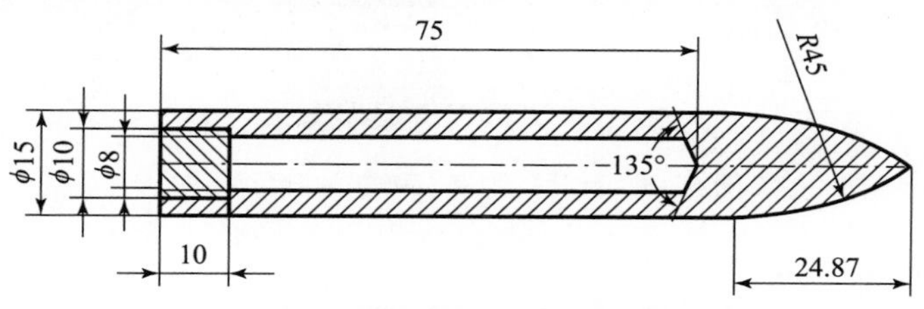

图 6.12　常规弹（模拟）结构示意

第二种称为改进型弹体。其特点是头部比弹身直径大，目的是减少侵彻过程中的摩擦。其形状及尺寸如图 6. 13 所示。

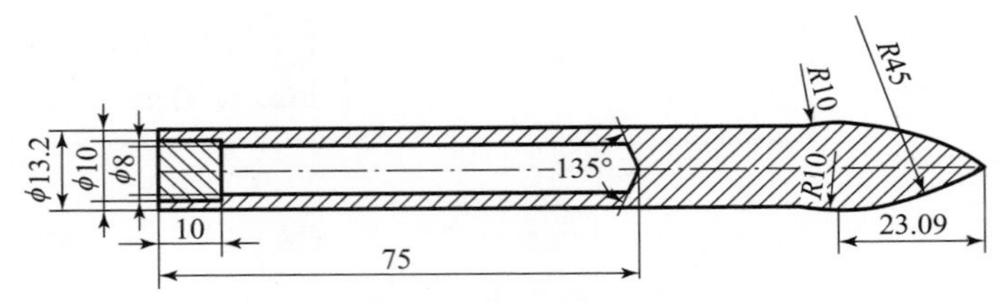

图 6. 13　改进型弹体（模拟）的结构示意

弹体的直径（ϕ10 mm）小于炮的口径（ϕ37 mm），因此在试验过程中使用弹托对弹体加以固定，从而在发射过程中起到密闭膛内火药以及支撑弹体的作用。安装了弹托的弹体如图 6. 14 所示。

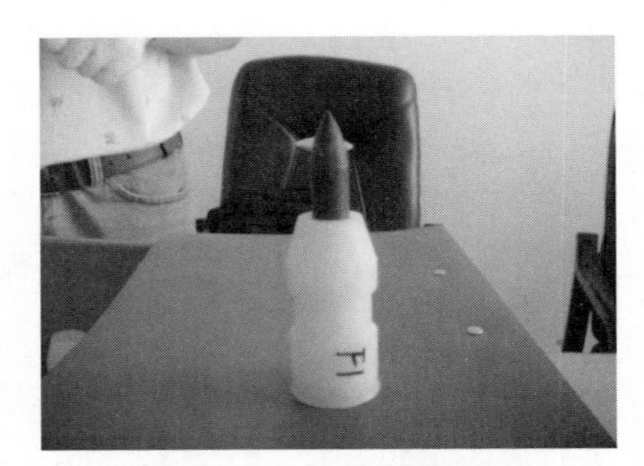

图 6. 14　安装了弹托的弹体

改进弹装配示意如图 6. 15 所示，与常规弹装配的区别之处仅是弹头的不同，其他部件不变。

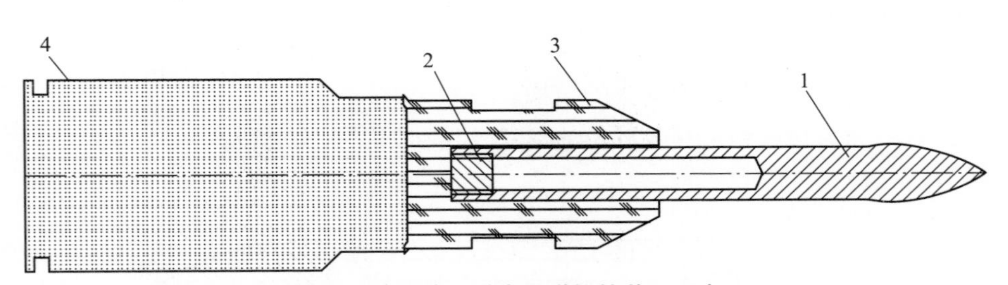

图 6. 15　弹体、弹壳及弹托的装配示意

1—弹头；2—堵头；3—弹托；4—弹壳

具体实施方式：如图 6. 15 所示，弹体结构包括弹头 1 和堵头 2，外围设备包

括弹托 3 和弹壳 4；弹头 1 分为头部和弹身，其头部为由带一条圆弧边的三角形沿其中一条直角边旋转 360°形成的几何体，所述三角形的直角边分别为 a 和 b，圆弧边为 c。其中，b 为旋转轴；弹身为圆柱形结构，头部与弹身之间由两段圆弧圆滑过渡；弹身底部沿轴向设有圆柱形空腔，空腔头部为圆锥形；堵头 2 与弹身底部空腔相配合，并与弹身底部固连；堵头 2 装入弹身空腔后，其底面与弹身底面齐平；壳体结构安装好后，底部装入弹托 3 中，堵头 2 和弹托 3 之间通过胶黏连接；弹壳 4 位于弹托 3 下方，弹托 3 底部与弹壳 4 抵触。

堵头 2 与弹身底部空腔通过螺纹连接。

圆滑过渡采用两段完全一样的圆弧反向连接，两段圆弧的半径均为 10 mm，两段圆弧的圆心轴向距离为 5. 44 mm。

壳体结构轴向总长度为 129. 06 mm；在三角形中，b 的长度为 23. 09 mm，a 的长度为 7. 5 mm，圆弧边 c 的半径为 45 mm；堵头 2 的长为 10 mm；弹身的外径为 13. 2 mm，弹身内空腔直径为 8 mm，长为 75 mm，空腔头部圆锥形的锥角为 135°。

6. 5. 3　混凝土靶

侵彻试验用的混凝土靶的靶体直径为 ϕ550 mm，靶厚为 630 mm，抗压强度为 45（50）MPa。靶外箍一层厚度为 5 mm 钢板，以减小径向稀疏波对试验过程的影响。将混凝土靶放在专门的铁箱中，以防止在试验过程中由于混凝土块的崩落而对其他实验器材造成的破坏，如图 6. 16 所示。在试验的过程中将两个混凝土靶叠加固定在一起，总厚度为 630 mm × 2 = 1 260 mm。相对于 ϕ15 mm × 105 mm 的弹体，ϕ550 mm × 1 260 mm 的靶板可被近似地认为是半无限大。

图 6. 16　混凝土靶照片

6.6 微观分析

6.6.1 试样镶嵌设备

使用 LECO 系列的 PR32 型自动试样镶嵌设备如图 6.17 所示。选用透明镶嵌粉料进行镶嵌。

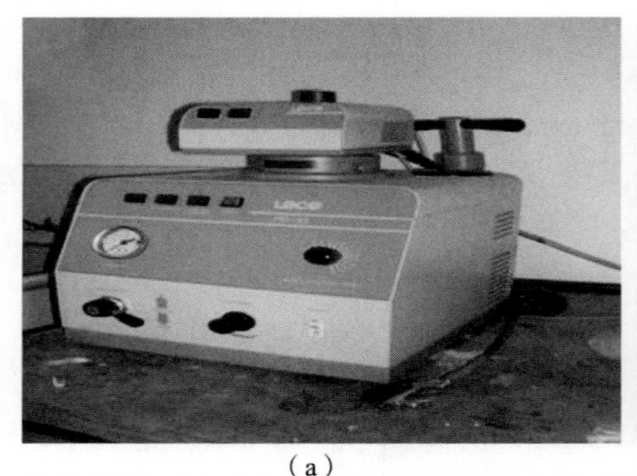

(a)

(b)

图 6.17 PR32 型自动试样镶嵌设备及试样

(a) PR32 型自动试样镶嵌设备；(b) 镶嵌好的试样

在将镶好的试样依次用由粗到细的砂纸打磨后，再进行机械抛光，抛光好的试样用体积分数为 4% 的硝酸酒精溶液腐蚀，以显示其微观组织以及剪切带等。而后利用以下几种设备进行检测和微观组织观察。

6.6.2 光学显微镜观察

光学显微镜主要用于观察制备好的金相试样，观察微观组织和动态压缩试样截面上是否出现剪切带。选用 LECO 系列 OlympusPME—3 型光学显微镜和图像输出系统，如图 6.18 所示。

图 6.18 光学显微镜和图像输出系统

6.6.3　X 射线衍射物相分析

采用 Rigaku Smartlab 型 X 射线衍射（XRD）仪对加载后合金材料进行物相鉴定。试样名义尺寸为 10 mm×10 mm×5 mm。采用 Cu－Ka 射线作为扫描光源，X 射线管工作电压及电流分别为 45 kV 和 200 mA，扫描角度为 30°～90°，扫描速率及步长分别为 1°/min 和 0.01°。为保证试样表面无应力，以提高测试准确性，扫描面经 WC 砂纸研磨后再进行机械抛光。

6.6.4　扫描电子显微镜观察

使用 JEOL—5600LV 型扫描电子显微镜对金相和层裂断口形貌进行观察分析。观察前，先将试样放入盛有无水乙醇（酒精）的烧杯中，再将烧杯置入超声波清洗仪中振动清洗两次，在每次清洗 5 min 后须更换无水乙醇，最后使用电吹风吹干试样。

6.6.5　透射电子显微镜观察

透射电子显微镜（TEM）试样的制备是首先将试验材料加工成 10 mm×10 mm×0.3 mm 的薄片；然后在金相砂纸上磨制成 0.1 mm 的薄片；最后冲成若干个 ϕ3 mm×0.1 mm 的圆薄片。方法：用 MTP—1A 磁力驱动双喷电解减薄仪进行减薄，所用电解液是含 5% 的高氯酸酒精溶液，减薄温度为 －30～－20 ℃，电压为 75～100 mV，电流为 30～50 mA。在使用电解减薄后再用 Gatan691 离子减薄仪减薄，所用离子束为氩（Ar）离子束，离子减薄时样品台每旋转 10°减薄 1 h。

参考文献

[1] 罗华飞. MATLAB GUI 设计学习手记 [M]. 2 版. 北京：北京航空航天大学出版社，2011.
[2] 任宇. 冲击波作用下钛合金微结构演化及其对层裂行为的影响规律研究 [D]. 北京：北京理工大学，2014.
[3] 史有程，刘凤琴. 一个测量气炮弹丸速度的激光测量装置 [J]. 爆炸与冲

击，1986，6（1）：71－79.
[4] 王翔，王卫，傅秋卫．用于一级轻气炮的弹速激光测量系统［J］．高压物理学报，2003，17（1）：75－80.
[5] 黄正平．爆炸与冲击电测技术［M］．北京：国防工业出版社，2006：141－208.
[6] 段卓平，关智勇，黄正平．箔式高阻值低压锰铜应力计的设计及动态标定［J］．爆炸与冲击，2002，22（2）：169－173.
[7] ROSENBERG Z，YAZIV D，PARTOM Y. Calibration of foil－like manganin gauges in planar shock wave experiments［J］. Journal of Applied Physics，1980，51（7）：3702－3705.
[8] RINEHART J S. Some quantitative data bearing on the scabbing of metals under explosive attack［J］. Journal of Applied Physics，1951，22（5）：555－560.
[9] RINEHART J S. Scabbing of matals under explosive attack：multiple scabbing［J］. Journal of Applied Physics，1952，V23（11）：1229－1233.
[10] STEVENS A L，TULER F R. Effect of shock precompression on the dynamic fracture strength of 1020 steel and 6061－T6 aluminum［J］. Journal of Applied Physics，1971，42（13）：5665－5670.
[11] BARKER L M，HOLLENBACH R E. Laser interferometer for measuring high velocities of any reflecting surface［J］. Journal of Applied Physics，1972，43（11）：4669－4675.
[12] BAUMUNG K，BLUHM H，KANEL G I，et al. Tensile strength of five metals and alloys in the nanosecond load duration range at normal and elevated temperatures［J］. Engineering Fracture Mechanics，2001，25（7）：631－639.
[13] ANTOUN T，SEAMAN L，CURRAN D R，et al. Spall Fracture［M］. New Tork：Springer，2002：95－96.
[14] KANEL G I，RAZORRENOV S V，BOGATCH A，et al. Spall fracture properties of aluminum and magnesium at high temperatures［J］. Journal of Applied Physics，1996，79（11）：8310－8317.
[15] KANEL G I，RAZORRENOV SV，BOGATCH A，et al. Spall fracture properties of aluminum and magnesium at high temperatures［J］. Journal of Applied Physics，1996，79（11）：8310－8317.
[16] RINEHART J S. Some quantitative data bearing on the scabbing of metals under explosive attack［J］. Journal of Applied Physics，1951，22（5）：555－560.
[17] ROSENBERG Z，LUTTWAK G，YESHURUN Y，et al. Spall studies of differently treated 2024Al specimens［J］. Journal of Applied Physics，1983，54

(5): 2147 -2152.

[18] ARRIETA H V, ESPINOSA H D. The role of thermal activation on dynamic stress - induced inelasticity and damage in Ti - 6Al - 4Ti [J]. Mechanics of Materials, 2001, 33 (10): 573 -591.

[19] DIVAKOV A, MESCHERYAKOV Y I, ZHIGACHEVA N I. Spall strength of titanium alloy [J]. Physical Mesomechanics, 2010, 13 (3 -4): 113 -123.

[20] KRÜGER L, MEYER L W, RAZORENOV S V, et al. Investigation of dynamic flow and strength properties of Ti - 6 - 22 - 225 at normal and elevated temperatures [J]. International Journal of Impact Engineering, 2003, 28 (8): 877 -890.

[21] WAYNE L, KRISHNAN K, DIGIACOMO S, et al. Statistics of weak grain boundaries for spall damage in polycrystalline copper [J]. Scripta Materialia, 2010, 63 (11): 1065 -1068.

[22] JARMAKANI H, MADDOX B, WEI C T, et al. Laser shock - induced spalling and fragmentation in vanadium [J]. Acta Materialia, 2010, 58 (14): 4604 - 4628.

[23] KANEL G I, RAZORENOV S V, UTKIN A V, et al. Spall strength of molynbdenum single crystals [J]. Journal of Applied Physics, 1993, 74 (12): 7162 -7165.

[24] TULER F R, BUTCHER B M. A criterion for the time dependence of dynamic fracture [J]. International Journal of Fracture Mechanics, 1968, 4 (4): 431 - 437.

[25] BREED B R, MADER C L, VENABLE D. Technique for the determination of dynamic - tensile - strength characteristics [J]. Journal of Applied Physics, 1967, 38 (8): 3271 -3275.

第7章 试验强度与计算强度的对比

本章主要通过试验值与理论值的比较来验证强度电子理论模型的可靠性。对比了静态强度、动态强度和层裂强度的试验值与理论值，此外还得出了洛氏硬度、断面收缩率、延伸率、冲击韧性和断裂韧性等性能。分析了 SPHB 试验的绝热剪切带特征。分析了一维应变平板撞击的层裂强度、层裂的宏观特征、层裂微损伤形核及扩展特征和层裂断口形貌特征。最后给出了靶试试验的结果，并通过观察微观形貌分析了侵彻机理。

7.1 强度及其他力学性能

本节对比静态强度及“绝热剪切”强度的实验值和计算值，而层裂强度实验值与计算值的对比将在 7.3.1 节中给出。

7.1.1 静态力学性能

经 900 ℃和 950 ℃淬火 + 不同温度回火后，材料的断裂强度、屈服强度、断面收缩率、延伸率、冲击韧性及洛氏硬度等力学性能如表 7.1 和表 7.2 所示。

表 7.1　材料经 900 ℃淬火不同温度回火后的静态力学性能数据

淬火温度 /℃	回火温度 /℃	σ_b /MPa	σ_s /MPa	D /%	Ψ /%	A_{ku} /J	洛氏硬度 /HRC
900	200	2 120	1 645	8.75	33.00	33.00	55.90
900	250	1950	1690	8.25	37.25	31.15	55.20
900	300	1 810	1 600	7.75	35.75	22.60	52.80
900	350	1 755	1 580	8.00	36.00	27.80	50.40
900	400	1 680	1 530	7.25	35.25	27.80	50.50
900	450	1 590	1 475	8.50	38.75	33.65	50.70
900	500	1 535	1 435	9.75	37.25	38.2	52.00
900	550	1 485	1 380	12.75	45.00	43.00	50.70
900	600	1 335	1 275	13.25	52.00	41.80	46.00
900	650	1 200	1 160	15.25	45.00	45.75	44.30
900	700	847.5	800	18.25	55.50	48.25	36.50

表 7.2　材料经 950 ℃淬火不同温度回火后的静态力学性能数据

淬火温度 /℃	回火温度 /℃	σ_b /MPa	σ_s /MPa	D /%	Ψ /%	A_{ku} /J	洛氏硬度 /HRC
950	200	2 170	1 650	9.00	40.00	34.70	56.80
950	250	2025	1640	6.75	38.00	32.45	55.70
950	300	1 885	1 605	8.25	37.25	27.40	53.60
950	350	1 765	1 540	8.00	35.25	25.65	52.60
950	400	1 690	1 495	9.00	39.50	29.30	52.20
950	450	1 685	1 505	8.75	43.75	32.95	49.70
950	500	1 555	1 420	10.00	46.00	40.00	50.30
950	550	1 545	1 415	14.00	55.00	44.85	49.40
950	600	1 455	1 360	13.75	53.00	52.90	48.00
950	650	1 400	1 315	14.25	51.00	51.10	45.60
950	700	1 230	960	17.00	62.25	80.50	43.20

从表 7.1 和表 7.2 中可知，低温回火的最高强度约为 2 100 MPa，与预测值 1 900 MPa 相对误差 10%。中温回火的强度约为 1 500 MPa，与预测值 1 559 MPa

相对误差 4%，说明强度模型能较好地预测静态强度。

低温回火的 42CrNi2MoWV 钢的平均断裂韧性 K_{IC} 为 71 MPa·$m^{1/2}$，因材料硬度大于 50 HRC，故以下简称 50D；中温回火的 42CrNi2MoWV 钢的平均断裂韧性 K_{IC} 为 75 MPa·$m^{1/2}$，因材料硬度大于 40 HRC，故以下简称 40D。

7.1.2　动态力学性能

经 900 ℃或 950 ℃淬火 + 不同温度回火后，材料动态压缩试验数据如表 7.3 和表 7.4 所示，试验用试样为柱形试样。

表 7.3　不同热处理状态下的材料动态压缩试验数据

热处理工艺（淬火 + 回火）/℃	冲击压力/MPa	动态屈服强度/MPa	最大强度/MPa	应变率/s^{-1}	剩余高度/mm	破坏情况
900 + 200	0.5	2 587	3 180	1 598	4.60	变化不大
	0.6	3 249	3 591	2 215	4.40	变化不大
	0.7	2 612	3 317	2 476	4.36	变化不大
	0.8	2 612	3 220	3 019	4.14	略微墩粗
	0.9	2 683	3 180	3 378	—	碎裂
900 + 250	0.5	2 211	2 641	2 020	—	碎裂
900 + 300	0.5	1 895	2 175	2 470	—	碎裂
900 + 350	0.5	1 981	2 459	2 294	—	碎裂
900 + 400	0.5	2 019	2 374	2 421	—	碎裂
	0.5	1 741	2 538	2 378	4.54	变化不大
900 + 450	0.6	1 778	2 580	2 807	4.28	变化不大
	0.7	1 778	2 570	3 308	—	碎裂
	0.5	1 975	2 375	2 331	4.38	变化不大
	0.6	2 066	2 528	2 929	4.10	略微墩粗
900 + 500	0.7	1 841	2 550	3 398	3.84	墩粗
	0.8	1 905	2 673	3 783	3.66	墩粗
	0.9	1 878	2 580	4 230	—	碎裂
900 + 550	0.5	1 939	2 406	2 365	4.34	变化不大

续表

热处理工艺(淬火+回火)/℃	冲击压力/MPa	动态屈服强度/MPa	最大强度/MPa	应变率/s^{-1}	剩余高度/mm	破坏情况
900+550	0.6	1 934	2 472	2 965	4.14	略微墩粗
	0.7	1 868	2 616	3 391	3.88	墩粗
	0.8	1 790	2 627	3 816	3.74	墩粗
	0.9	1 981	2 828	4 121	3.60	墩粗
	1.0	1 969	2 885	4 447	3.46	墩粗
	1.1	2 160	2 739	4 842	—	碎裂
	0.5	1 779	2 217	2 586	4.24	变化不大
	0.6	1 808	2 339	3 149	4.04	略微墩粗
	0.7	1 750	2 450	3 675	3.90	墩粗
	0.8	1 790	2 572	4 049	3.70	墩粗
900+600	0.9	1 825	2 638	4 386	3.44	墩粗
	1.0	1 849	2 728	4 789	3.16	墩粗
	1.1	1 886	2 828	5 042	3.10	墩粗
	1.2	1 852	2 872	5 413	3.04	墩粗
	0.5	1 672	2 078	2 728	4.12	略微墩粗
	0.6	1 691	2 189	3 394	3.82	墩粗
	0.7	1 623	2 333	3 861	3.64	墩粗
	0.8	1 595	2 388	4 275	3.50	墩粗
900+650	0.9	1 670	2 500	4 624	3.22	墩粗
	1.0	1 527	2 611	4 825	3.04	墩粗
	1.1	1 511	2 667	5 189	2.94	墩粗
	1.2	1 653	2 768	5 595	2.80	墩粗
	0.5	1 651	2 067	3 374	3.70	墩粗
	0.6	1 662	2 189	3 917	3.46	墩粗
900+700	0.7	1 601	2 333	4 123	3.34	墩粗
	0.8	1 579	2 388	4 625	3.14	墩粗

续表

热处理工艺(淬火 + 回火)/℃	冲击压力/MPa	动态屈服强度/MPa	最大强度/MPa	应变率/s^{-1}	剩余高度/mm	破坏情况
900 + 700	0.9	1 672	2 489	4 977	2.90	墩粗
	1.0	1 536	2 600	5 331	2.70	墩粗
	1.1	1 513	2 656	5 616	2.54	墩粗
	1.2	1 654	2 768	5 870	2.40	墩粗

表 7.4　不同热处理状态下的材料动态压缩试验数据

热处理工艺(淬火 + 回火)/℃	冲击压力/MPa	动态屈服强度/MPa	最大强度/MPa	应变率/s^{-1}	剩余高度/mm	破坏情况
950 + 200	0.5	2 621	3 046	1 755	4.64	变化不大
	0.6	2 684	3 192	2 196	4.34	变化不大
	0.7	2 653	3 232	2 662	4.30	变化不大
	0.8	2 590	3 179	3 152	—	碎裂
	0.5	2 505	2 748	1 905	4.60	变化不大
	0.6	2 405	2 772	2 514	4.44	变化不大
950 + 250	0.7	2 414	2 843	3 008	4.30	变化不大
	0.8	2 541	2 556	3 757	—	碎裂
	0.5	2 421	2 803	2 122	4.60	变化不大
	0.6	2 613	2 782	2 203	4.50	变化不大
950 + 300	0.7	2 446	2 697	2 890	4.20	变化不大
	0.8	2 550	2 856	3 642	—	碎裂
	0.5	2 126	2 673	2 226	4.54	变化不大
	0.6	2 119	2 693	2 820	4.30	变化不大
950 + 350	0.7	2 190	2 754	3 345	4.10	变化不大
	0.8	2 282	2 693	3 786	—	碎裂
	0.5	2 126	2 524	2 388	4.50	变化不大
950 + 400	0.6	2 030	2 673	2 869	4.40	变化不大

续表

热处理工艺（淬火+回火）/℃	冲击压力/MPa	动态屈服强度/MPa	最大强度/MPa	应变率/s^{-1}	剩余高度/mm	破坏情况
950+400	0.7	2 049	2 653	3 437	—	碎裂
	0.5	2 043	2 578	2 339	4.48	变化不大
	0.6	2 089	2 622	2 882	4.36	变化不大
950+450	0.7	2 148	2 667	3 224	4.24	变化不大
	0.8	2 272	2 600	3 440	3.90	略微墩粗
	0.9	2 323	2 678	3 998	—	碎裂
	0.5	1 933	2 481	2 489	4.40	变化不大
	0.6	1 907	2 526	3 093	4.22	变化不大
950+500	0.7	1 921	2 563	3 594	4.00	略微墩粗
	0.8	1 970	2 653	3 980	3.76	墩粗
	0.9	2 003	2 752	4 390	3.60	墩粗
	1.0	1 976	2 553	4 900	—	碎裂
	0.5	1 915	2 461	2 340	4.36	变化不大
	0.6	1 975	2 494	2 860	4.16	变化不大
	0.7	1 909	2 616	3 292	4.02	变化不大
950+550	0.8	1 918	2 651	3 702	3.84	略微墩粗
	0.9	2 013	2 706	4 074	3.50	墩粗
	1.0	1 984	2 806	4 313	3.46	墩粗
	1.1	2 041	2 885	4 693	3.24	墩粗
	0.5	1 890	2 395	2 335	4.34	变化不大
	0.6	1 887	2 492	2 909	4.12	变化不大
	0.7	1 909	2 551	3 388	3.86	略微墩粗
	0.8	1 855	2 629	3 782	3.80	墩粗
950+600	0.9	1 844	2 658	4 251	3.56	墩粗
	1.0	1 994	2 835	4 486	3.34	墩粗
	1.1	1 946	2 855	4 799	3.22	墩粗

续表

热处理工艺（淬火 + 回火）/℃	冲击压力 /MPa	动态屈服强度/MPa	最大强度 /MPa	应变率 $/s^{-1}$	剩余高度 /mm	破坏情况
950 +650	1.2	1 964	2 855	5 172	3.00	墩粗
	0.5	1 828	2 326	2 550	4.32	变化不大
	0.6	1 908	2 434	2 996	4.10	变化不大
	0.7	1 874	2 521	3 568	3.82	墩粗
	0.8	1 891	2 649	3 884	3.64	墩粗
	0.9	1 920	2 708	4 249	3.46	墩粗
	1.0	1 908	2 777	4 589	3.30	墩粗
	1.1	1 925	2 835	4 886	3.24	墩粗
	1.2	1 954	2 894	5 204	2.94	墩粗
	0.5	1 442	1 980	3 031	4.00	略微墩粗
	0.6	1 410	2 023	3 547	3.7	墩粗
	0.7	1 410	2 164	3 989	3.44	墩粗
	0.8	1 463	2 216	4 348	3.34	墩粗
950 +700	0.9	1 440	2 294	4 757	3.00	墩粗
	1.0	1 507	2 398	5 067	2.84	墩粗
	1.1	1 467	2 468	5 399	2.74	墩粗
	1.2	1 463	2 626	5 724	2.54	墩粗

中温回火时，在 2 000 s^{-1}的应变率下，预测动态强度为 2 736 MPa，试验值为 2 700 ~2 800 MPa，验证了预测动态强度的可靠性。

经 900 ℃或 950 ℃淬火 + 不同温度回火后，材料动态压缩剪切试验数据如表 7.5 和表 7.6 所示。试验用试样为帽形试样。

表 7.5　不同热处理状态下的材料动态压缩剪切试验数据

热处理工艺（淬火 + 回火）/℃	冲击压力 /MPa	应变率 $/s^{-1}$	剩余高度 /mm	最大剪切强度 /MPa	塌陷时间 /μs	剩余强度 /MPa	破坏情况	剪切带情况
900 +200	0.5	770	10.00	1 155	—	—	完整	无
	0.6	689	10.00	1 226	—	—	完整	无

续表

热处理工艺(淬火+回火)/℃	冲击压力/MPa	应变率/s^{-1}	剩余高度/mm	最大剪切强度/MPa	塌陷时间/μs	剩余强度/MPa	破坏情况	剪切带情况
900+200	0. 7	2 687	9. 72	1 314	54	679	塌陷	有
	0. 8	6 431	7. 34	1 281	26	690	塌陷	有
	0. 5	911	10. 00	1 138	—	—	完整	无
	0. 6	1 448	8. 90	1 220	57	687	塌陷	有
900+250	0. 7	5 648	9. 42	1 256	29	589	塌陷	有
	0. 8	7 819	9. 02	1 159	18	609	塌陷	有
	0. 5	649	10. 00	1 118	—	—	完整	无
	0. 6	4 100	9. 56	1 180	34	557	塌陷	有
900+300	0. 7	6 838	9. 24	1 142	22	582	塌陷	有
	0. 8	7 991	9. 04	1 209	20	553	塌陷	有
	0. 5	587	10. 00	1 104	—	—	完整	无
	0. 6	4 024	9. 44	1 166	36	587	塌陷	有
900+350	0. 7	7 362	9. 14	1 118	22	519	塌陷	有
	0. 8	8 513	8. 82	1 123	19	522	塌陷	有
	0. 5	611	9. 94	1 084	—	—	完整	无
	0. 6	3 962	9. 58	1 166	36	587	塌陷	有
900+400	0. 7	7 220	9. 04	1 065	18	553	塌陷	有
	0. 8	8 712	8. 70	1 127	17	514	塌陷	有
	0. 5	871	9. 90	1 067	—	—	完整	无
	0. 6	5 188	9. 36	1 093	29	546	塌陷	有
900+450	0. 7	7 161	9. 00	1 093	22	519	塌陷	有
	0. 8	9 093	8. 7	1 084	17	517	塌陷	有
	0. 5	719	9. 9	1 040	—	—	完整	无
	0. 6	4 598	9. 44	1 097	36	515	塌陷	有
900+500	0. 7	7 292	9. 00	1 040	23	515	塌陷	有
	0. 8	9 694	8. 58	1 071	20	475	塌陷	有
	0. 5	826	9. 92	1 027	—	—	完整	无
	0. 6	5 162	9. 34	1 067	37	476	塌陷	有
900+550	0. 7	7 438	9. 04	1 075	27	479	塌陷	有
	0. 8	8 524	8. 70	1 093	24	479	塌陷	有

续表

热处理工艺（淬火 + 回火）/℃	冲击压力 /MPa	应变率 /s^{-1}	剩余高度 /mm	最大剪切强度 /MPa	塌陷时间 /μs	剩余强度 /MPa	破坏情况	剪切带情况
900 + 550	0.5	2 568	9.66	948	62	472	完整	有
	0.6	5 561	9.26	989	36	476	塌陷	有
900 + 600	0.7	8 053	8.76	989	25	451	塌陷	有
	0.8	9 661	7.42	989	22	434	塌陷	有
	0.5	3 750	9.56	880	56	443	完整	有
	0.6	6 363	9.10	906	34	424	塌陷	有
900 + 650	0.7	8 044	8.68	925	27	424	塌陷	有
	0.8	9 708	8.20	902	25	402	塌陷	有
	0.5	4 962	9.34	686	66		完整	有
	0.6	6 679	9.06	714	50	362	塌陷	有
900 + 700	0.7	8 673	8.50	735	42	315	塌陷	有
	0.8	9 992	8.00	732	42	333	塌陷	有

由表 7.5 和表 7.6 可知，发生绝热剪切的材料，剩余强度大致为最大剪切强度的 1/2，为了更加直观，绘制图 7.1 所示用于对比。可以证明第 4 章中的绝热剪切带判据的合理性。

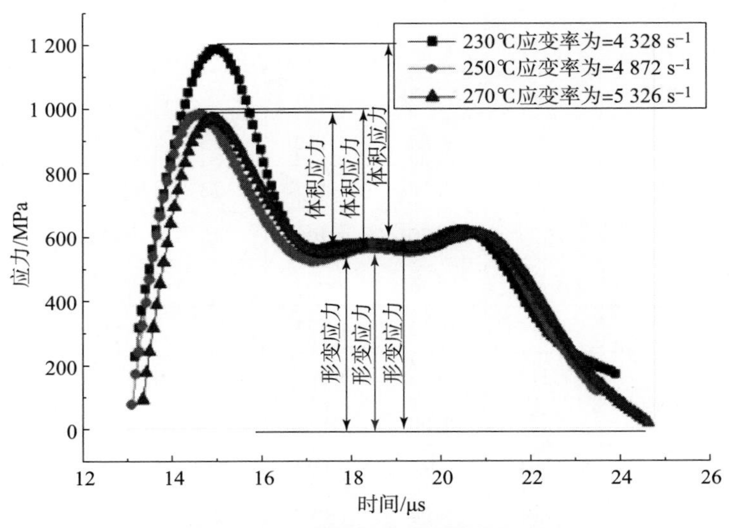

图 7.1　最大剪切强度与剩余强度

表 7.6　不同热处理状态下的材料动态压缩剪切试验数据

热处理工艺(淬火 + 回火)/℃	冲击压力/MPa	应变率/s^{-1}	剩余高度/mm	最大剪切强度/MPa	塌陷时间/μs	剩余强度/MPa	破坏情况	剪切带情况
950 + 200	0.5	810	10.00	—	—	—	完整	无
	0.6	696	9.98	—	—	—	完整	无
	0.7	856	9.98	—	—	—	完整	无
	0.8	5 562	9.34	1 373	31	634	塌陷	有
950 + 250	0.5	976	10.00	—	—	—	完整	无
	0.6	3 362	9.68	1 220	43	604	塌陷	有
	0.7	5 843	9.32	1 251	25	620	塌陷	有
	0.8	7 750	9.10	1 215	19	609	塌陷	有
950 + 300	0.5	841	10.00	—	—	—	完整	无
	0.6	3 149	9.74	1 225	44	589	塌陷	有
	0.7	6 603	9.30	1 185	21	604	塌陷	有
	0.8	9 614	—	—	—	—	开裂	有
950 + 350	0.5	524	10.00	—	—	—	完整	无
	0.6	4 364	9.50	1 166	36	539	塌陷	有
	0.7	7 050	9.10	1 132	20	577	塌陷	有
	0.8		8.84	—	—	—	塌陷	有
950 + 400	0.5	544	10.00	—	—	—	完整	无
	0.6	4 291	9.54	1 142	35	587	塌陷	有
	0.7	7 073	9.08	1 147	22	524	塌陷	有
	0.8	8 727	8.70	1 108	16	514	塌陷	有
950 + 450	0.5	677	10.00	—	—	—	完整	无
	0.6	4 996	9.72	1 123	31	553	塌陷	有
	0.7	7 115	—	—	—		开裂	
950 + 500	0.5	765	9.90	—	—	—	完整	无
	0.6	5 251	9.34	1 093	30	506	塌陷	有
	0.7	7 621	8.94	1 084	23	493	塌陷	有

续表

热处理工艺（淬火 + 回火）/℃	冲击压力 /MPa	应变率 /s^{-1}	剩余高度 /mm	最大剪切强度 /MPa	塌陷时间 /μs	剩余强度 /MPa	破坏情况	剪切带情况
	0.8	9 393	8.50	1 054	19	457	塌陷	有
950 + 550	0.5	780	9.96	—	—	—	完整	无
	0.6	4 865	9.44	1 084	36	489	塌陷	有
	0.7	7 210	8.96	1 093	26	489	塌陷	有
	0.8	8 925	—	1 084	19	471	开裂	
950 + 600	0.5	1 268	9.92	—	—	—	完整	无
	0.6	5 207	9.38	1 048	34	470	塌陷	有
	0.7	7 376	9.00	1 067	27	466	塌陷	有
	0.8	9 317	8.48	1 054	22	430	塌陷	有
950 + 650	0.5	1 518	9.80	—	—	—	基本完整	无
	0.6	5 151	9.36	1 048	36	440	塌陷	有
	0.7	7 698	8.86	1 035	26	439	塌陷	有
	0.8	9 448	8.46	968	21	440	塌陷	有
950 + 700	0.5	4 439	9.46	—	—	—	塌陷	有
	0.6	6 894	9.00	823	37	390	塌陷	有
	0.7	8 696	8.48	835	31	375	塌陷	有
	0.8	10 316	8.04	835	27	353	塌陷	有

7.2　微观组织

7.2.1　退火组织

在铸造后一般存在气孔、缩孔和缩松等结构缺陷和残余应力。退火处理可使组织及成分均匀，消除残余应力，稳定尺寸，减少变形和裂纹倾向，改善材料性能，为以后的热处理做好准备。退火后的金相组织如图 7.2 所示。

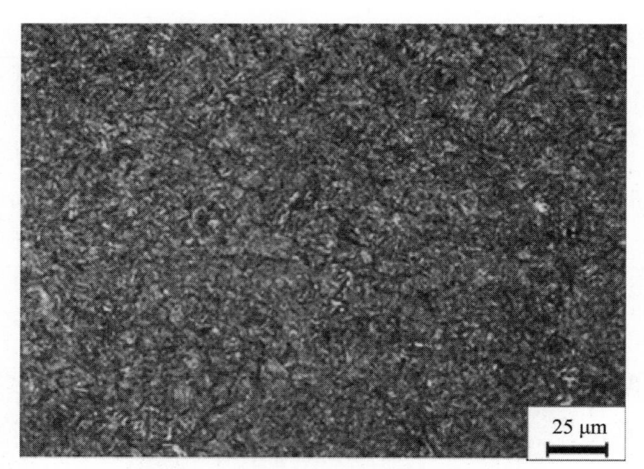

图 7.2 退火后的金相组织

由图 7.2 可以看出，退火后的组织为均匀的等轴晶粒，晶粒内部为珠光体组织，并分布有少量细小的碳化物颗粒，珠光体组织呈片层状。这是因为，钢中添加的 W、V 使晶粒细化，退火后的组织为切削加工以及淬火做好了准备。

7.2.2 热处理后组织

对于热处理后的试样，经研磨抛光和体积分数为 4% 的硝酸酒精腐蚀后，可进行微观组织观察。光镜观察结果如图 7.3 所示。其中，图 7.3（a）所示的是经热处理后硬度在 50 HRC 左右的金相照片，图 7.3（b）所示的是经热处理后硬度在 40 HRC 左右的金相照片。

图 7.3 42CrNi2MoWV 钢经热处理后组织的 OM 金相照片

（a）经热处理后硬度在 50HRC 左右的金相照片；（b）经热处理后硬度在 40HRC 左右的金相照片

经过不同工艺的热处理，42CrNi2MoWV 钢组织主要为马氏体、未溶碳化物以及少量残余奥氏体的混合组织。大部分板条状马氏体比较粗大，为定向平行排列，组成马氏体束或马氏体区域，区域与区域之间的位向差较大。马氏体束片层厚度为 12 ~ 25 μm。组织中有少量的片状马氏体存在，这是因为 42CrNi2MoWV 钢中 Ni 的含量相对较高。组织中还有一些弥散的细小析出相分布在马氏体束上，此相应为中温回火析出的 θ 碳化物相，呈白亮颗粒状，可提高材料的塑韧性。

经过金相观察的试样可直接用于扫描电镜的观看，进一步研究组织形貌变化，42CrNi2MoWV 钢的 SEM 图像如图 7.4 所示。

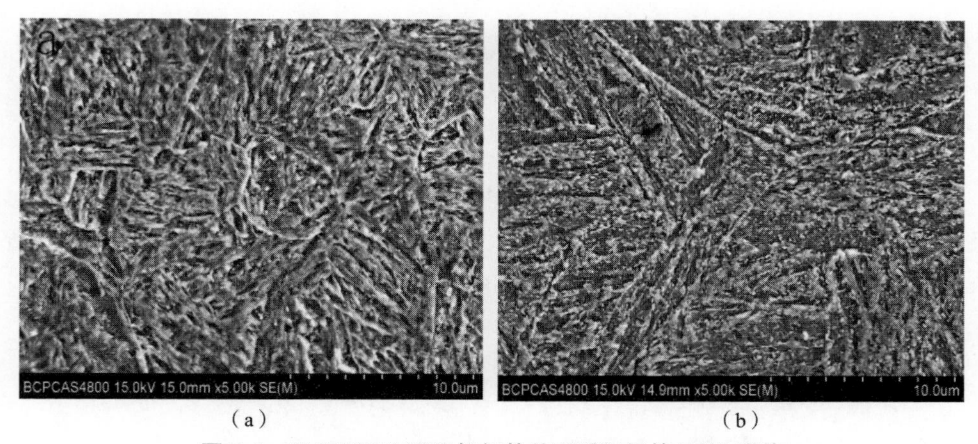

(a)　　(b)

图 7.4　42CrNi2MoWV 钢经热处理后组织的 SEM 照片

(a) 经热处理后组织在 50HRC 左右的 SEM 照片；(b) 经热处理后组织在 40HRC 左右的 SEM 照片

回火后，组织的板条状马氏体比较明显，马氏体束也清晰可见，其铁素体板条大体上呈平行排列，间距较为均匀。当过冷奥氏体到达马氏体开始转变温度时，析出马氏体后，由于碳原子离开铁素体扩散到奥氏体中，使奥氏体中不均匀地富碳，且稳定性增加，难以再继续转变为马氏体铁素体。这些奥氏体区域一般呈长条状，分布在马氏体铁素体上。这种富碳的奥氏体在冷却过程中可以部分地转变为马氏体。相比温度较高的回火工艺，在温度较低回火工艺下，试样中的晶界较为明显；回火温度较高时，组织长大粗化，晶界变得模糊，这是由于残余奥氏体回火时发生转变的缘故。回火温度较高的 40D 组织中，析出弥散相更多，因为温度高时碳原子扩散更多。

利用 X 射线衍射物相分析测得 42CrNi2MoWV 合金钢的相结构主要为 α - Fe 相。XRD 衍射图谱如图 7.5 所示。

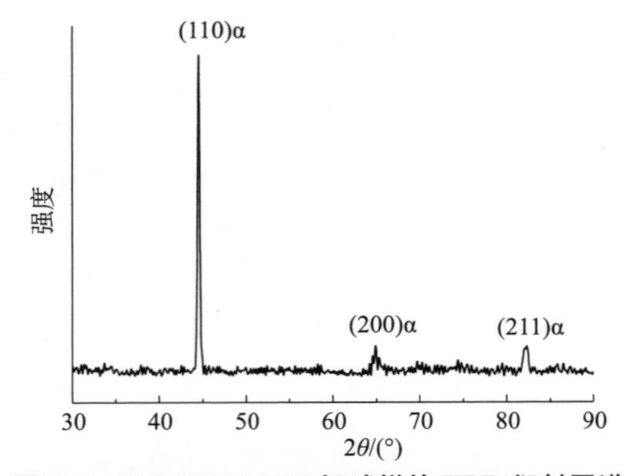

图 7.5　42CrNi2MoWV 钢试样的 XRD 衍射图谱

7.2.3　拉伸断口形貌

42CrNi2MoWV 钢在两种不同热处理工艺下拉伸试样断口的 SEM 形貌如图 7.6 所示，从宏观拉伸断口形貌来看，两种硬度试样的拉伸断口均具有韧性断

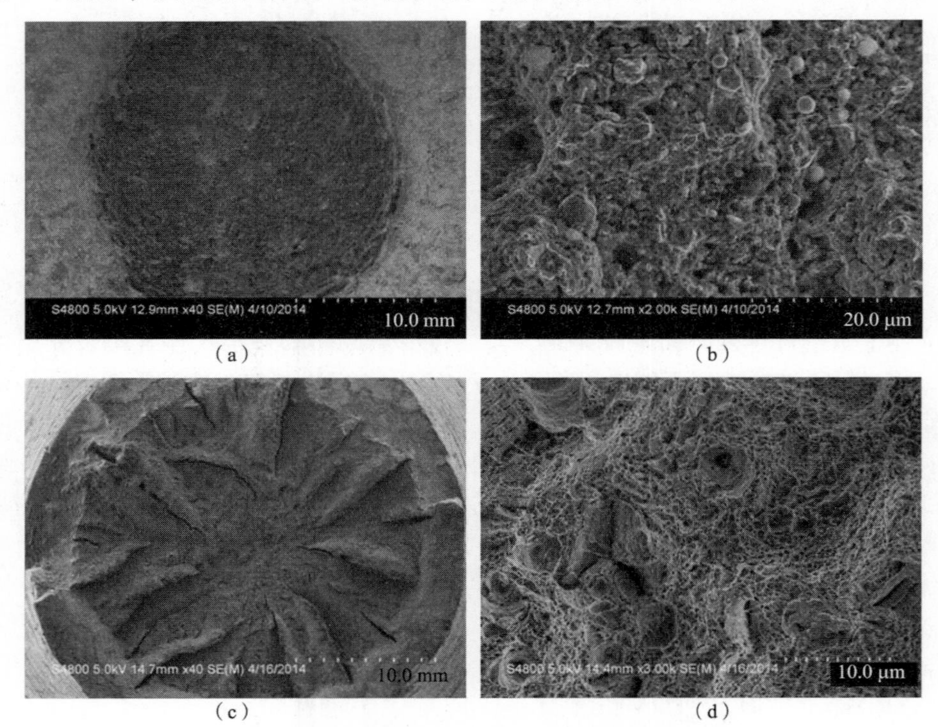

(a)　(b)　(c)　(d)

图 7.6　42CrNi2MoWV 钢的拉伸试样断口形貌

(a)，(c) 低倍；(b)，(d) 高倍

裂特征。断口呈杯锥状，杯锥底垂直于主应力，断口有明显的缩颈现象，由剪切唇、放射区和纤维区组成。

由图7.6（a）、（c）可见，50D的纤维区较多，几乎没有放射区，而只有少量夹杂物。在拉伸过程中，裂纹从试样中心的纤维区向外扩展时，裂纹外侧整个区域都有很大的塑形变形，而剪切唇就在该塑性区中形成，这就导致没有放射区，纤维区在断口表面所占比例较大，因此50D的延长率也较大。40D的放射区较大，纤维区较小，当裂纹在放射区中快速扩展时，塑形变形被限制在裂纹前端很小的区域内，当塑形变形区随裂纹扩展临近试样表面时，形成剪切唇，此时形成的剪切唇在断口表面所占比例较小，且收缩率较大。由图7.6（b）、（d）可看出，50D和40D形貌的微观组织主要是等轴或轻微拉长的韧窝，韧窝较深，撕裂棱明显。其中，40D的韧窝比50D更均匀，在撕裂时吸收的功也更多，具有较好的塑性，因此40D的冲击韧性和断裂韧性都比50D高。

7.2.4 绝热剪切带形貌分析

通过观察帽形样绝热强迫剪切区域的金相组织，分析材料随打击压力的增大，材料的绝热剪切带的变化规律；探究材料动态压缩失效规律的机理。在气压渐渐增大的情况下观察到的金相剪切带的变化如图7.7所示。

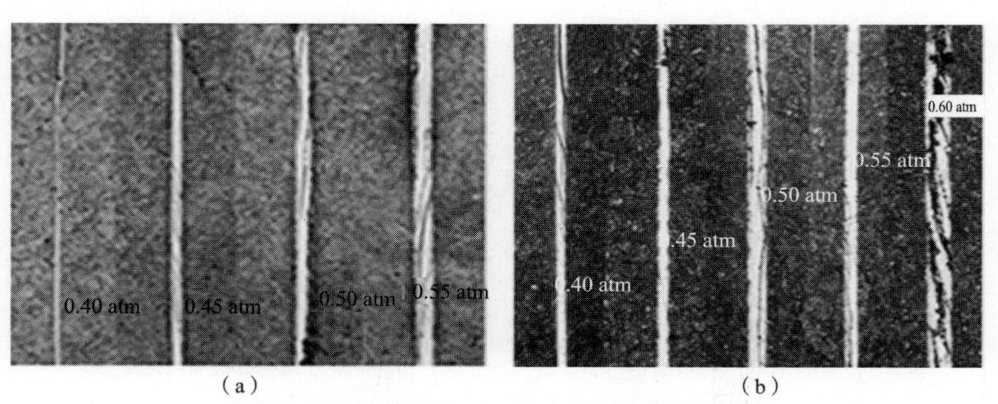

图7.7 在气压渐渐增大的情况下金相剪切带的变化示意

（a）50D；（b）40D

研究发现，在高应变率水平下，材料产生的绝热剪切带的形式主要为相变带。相变带的主要失效方式有三种，分别是最大拉应力断裂、过渡层断裂和光滑断裂。其中，前两者失效机理是首先形成剪切带，然后发生断裂；而第三种失效机理则是在剪切带形成的同时也发生了断裂，剪切带的形成和裂纹的产生是同步的。在试验过程中，同一种材料的失效模式有时可能并不仅仅是其中的一种，也可能同时存在几种失效模式。

在三种失效形式中，最大拉应力断裂最为常见。剪切带的形成过程非常短暂，在剪切带形成以后，往往剪应力还没有完全被剪切带的形成所卸载，由于剪切带的继续作用，在与剪应力呈45°角的方向上，最大拉应力首先达到剪切带的断裂强度值，因此剪切带沿此方向上发生了最大拉应力断裂。过渡层断裂模式指的是材料沿着剪切带和基体的边界发生断裂，相变带形成后，由于产生了回火或者没有回火的马氏体，或者形成了再结晶组织，这时的相变带又硬又脆，和基体有着截然不同的性质。因此，在剪切带和基体之间必然有一层过渡层，这过渡层就相当于一层弱界面层。在剪切带内部的强度高于这层过渡层的强度时，在剪应力的作用下，材料就有可能沿着过渡层发生剪切断裂。光滑断裂是指材料从剪切带中间产生的非常光滑的断裂痕。

如图7.7所示，从整体上看，在两种材料随着冲击气压从小到大的过程中，观察到的白亮剪切带变化规律基本都是由细条渐渐增大到粗条，这也验证了前面提及的打击气压越大，试样塌陷时间越短，绝热剪切破坏越严重，剪切带越宽的现象。42CrNi2MoWV的剪切带整体比较细小，裂纹中间极少断裂。如图7.7（a）所示，50D材料凡是在发生应力塌陷的气压下，均观察到白亮的剪切带。随着气压从0.4（1 atm = 0.1 MPa）~0.55 atm，剪切带变化非常明显，白亮带越来越宽，剪切带内部裂纹数量先增加后减少，在0.4 atm时，剪切带是一条非常细的线条，内部几乎没有裂纹。在开始产生剪切带的一端，剪切带和基体出现了过渡层断裂，说明部分基体和剪切带的强度不一样，剪切带中间比两端更加细小，说明剪切带的产生可能是从两端开始，再渐渐扩展到中间的；在0.45 atm时，剪切带贯穿强迫剪切区，整条带非常均匀，但内部出现较多贯穿剪切带的微裂纹，这可能也是导致该气压下，其应力比较低的原因。在0.5~0.6 atm气压时，剪切带渐渐变宽且较光滑，两者内部结构相似，有较少或贯穿或平行的裂纹，两者在一端都出现了过渡层断裂。

40D在不同气压下的剪切带也是随着气压的增大，剪切带越来越宽，如图7.7（b）所示。在0.4~0.55 atm气压下，剪切带比较完整和光滑；在0.6 atm时，剪切带比较粗糙，内部裂纹也比较大而且整条带都分布着或粗或小的裂纹，且剪切带的断裂方式是以拉应力断裂为主，还有少量光滑断裂的混合断裂；在0.4 atm、0.5 atm时，剪切带的断裂方式均是光滑断裂。

7.2.5　TEM 照片

42CrNi2MoWV 合金钢 50D 的试样组织 TEM 照片如图 7.8 所示。从图中可以看出，组织中板条的宽度在 400 nm 左右［见图 7.8（a）、（b）］。组织中有密度较高的位错团［见图 7.8（c）］，板条上有极少量的针状碳化物和球状碳化物［见图 7.8（a）］，板条晶界上有少量薄膜状残余奥氏体和渗碳体，此回火温度阶段正是残余奥氏体向低碳马氏体和 ε－碳化物分解的过程。

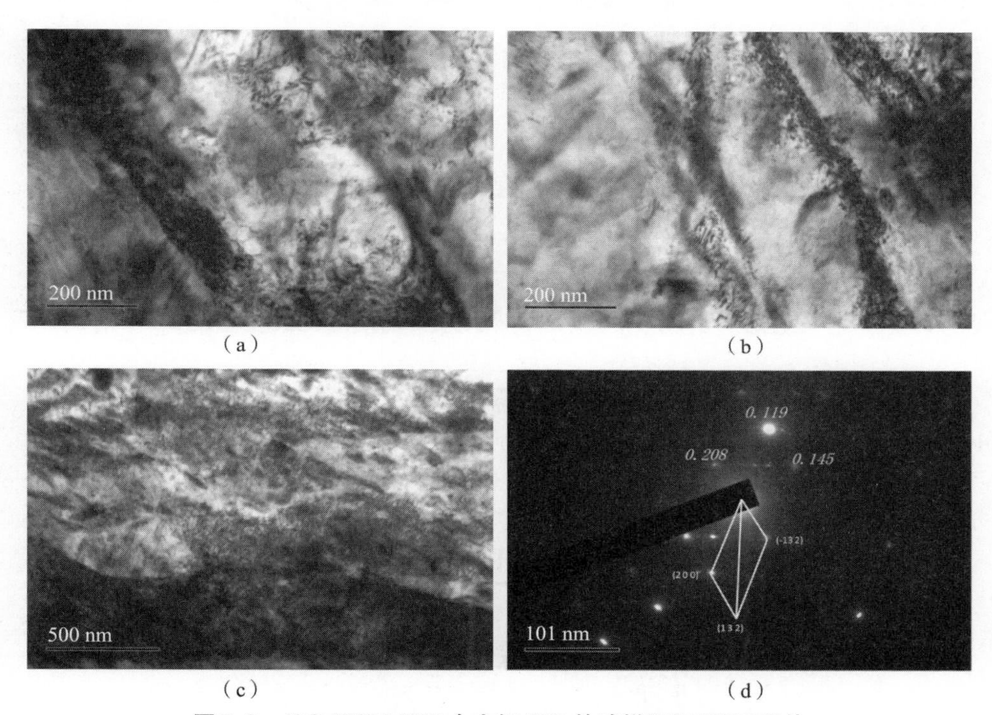

（a）　（b）　（c）　（d）

图 7.8　42CrNi2MoWV 合金钢 50D 的试样组织 TEM 照片

图 7.9 所示为 42CrNi2MoWV 合金钢试样 40D 试样的 TEM 组织照片。从图中可以看出，40D 组织中板条的宽度为 450 nm 左右，比 50D 的略宽，反映组织在较高回火温度下略有长大，板条上针状碳化物和球状碳化物数量有所增多［见图 7.9（a）］。这是由于，针状碳化物聚集长大，发生回复再结晶的缘故，板条晶界上仍有少量薄膜状残余奥氏体，板条间的片状渗碳体相比 50D 已明显减少，板条基体和晶界也比 50D 变得更模糊［见图 7.9（b）］。此阶段亚稳的 ε－碳化物开始向渗碳体转变，马氏体经碳扩散、分解，逐渐向亚平衡组织转变。

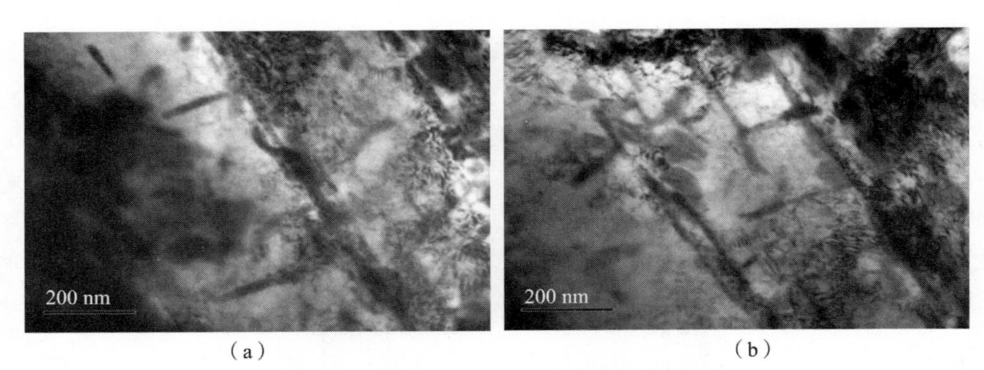

（a）　　（b）

图 7.9　42CrNi2MoWV 合金钢试样 40D 试样的组织 TEM 照片

7.3　一维应变平板撞击试验

7.3.1　冲击压力对层裂参数的影响及动态模型的验证

经 930℃ 油淬 260℃ 回火后的试验钢在设计速度为 300 m/s、350 m/s、400 m/s 和 450 m/s 撞击后的自由面粒子速度—时间的关系曲线如图 7.10 所示。不同幅值冲击波作用下，试样的层裂强度及靶板层裂时的痂片厚度如表 7.7 所示。由图 7.10 及表 7.7 可知，在四种冲击压力下，即四种撞击速度，自由面粒子速度—时间的关系曲线均有速度回跳现象，表明在这四种冲击压力下，均发生

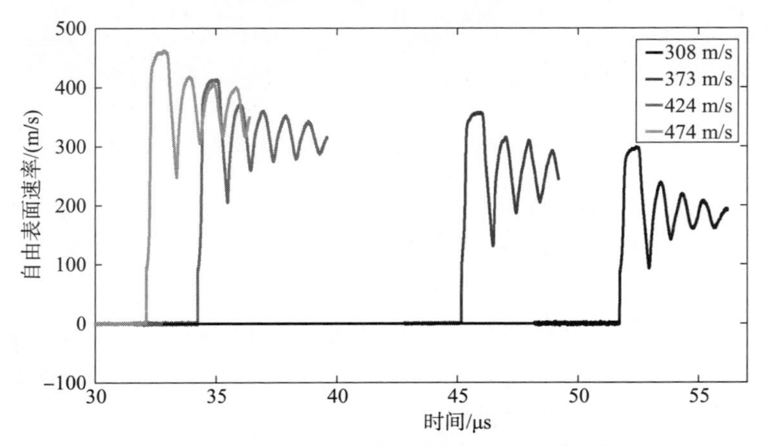

图 7.10　不同碰撞速率下材料自由表面速率—时间的关系曲线

了层裂现象。与表 7.7 所示中试样的层裂强度相比，5.3.3 节中的理论层裂强度的误差为 0.0 ~7.6%，符合动态强度（包括层裂强度）误差小于 15% 的技术要求。比较各组试样的 Hugoniot 弹性极限，均为 1.62 ~1.78 GPa，相差不大，这符合 Hugoniot 弹性极限大小与冲击压力无关的规律。

表 7.7　不同幅值冲击波作用下试样的层裂强度及靶板层裂时的痂片厚度

试样	d_f/mm	d_s/mm	W/(m·s^{-1})	p/GPa	$\dot{\varepsilon}$/ 10^5s^{-1}	σ_{HEL}/GPa	σ_{SP}/GPa	δ_m/mm
1	2.80	5.78	308	5.37	1.10	1.73	3.98	2.80
2	2.98	5.92	373	6.30	1.25	1.74	4.05	2.95
3	2.88	5.80	424	7.23	1.47	1.62	4.08	2.96
4	2.98	5.96	474	8.17	1.59	1.78	4.21	2.88

此外，比较各组试样的层裂强度，其值随冲击速度的增加呈现先增大后减小再增大的现象。这表明，在所测压力范围内，试验钢抗层裂能力随冲击压力的增加呈先增大后减小再增大的趋势。

7.3.2　层裂宏观特征

相较于层裂强度，层裂发生后靶板的完整性、裂纹形态及其扩展程度等宏观损伤特征更能直观地反映出抵抗层裂破坏的能力；同时，痂片厚度及其飞离速率也能够在一定程度上反映出层裂破坏所造成二次杀伤的威力。

1. 靶板破坏程度对比

经四种幅值冲击波作用后，靶板宏观破坏程度随冲击波幅值增大的变化趋势如图 7.11 所示。在加载压力为 5.37 GPa 时，靶板明显开裂，形成痂片，导致其内部撕裂为两断裂面，并造成其自由表面形成圆弧状隆起，断裂面部位主长度为 37.88 mm，宽度为 1.04 mm；当加载压力超过 6.30 GPa 后，靶板上的痂片与靶板分离并飞出，形成一裸露在外的断裂面。剩余靶板圆弧状隆起幅度随冲击幅值的增加愈加明显。

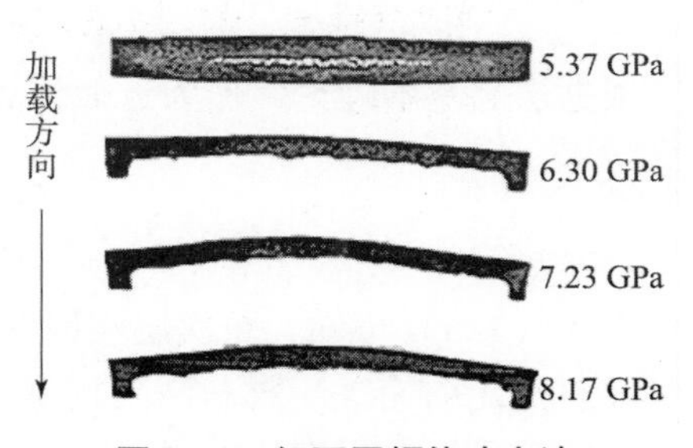

图 7.11　经不同幅值冲击波作用后，靶板宏观破坏程度随冲击波幅值增大的变化趋势

2. 痂片厚度的规律

层裂痂片厚度 σ_s 与加载脉冲长度 λ 及加载波类型直接相关。在试验范围内，靶板中传播的冲击波可被视为矩形脉冲。根据层裂的基本理论可知，此时仅发生单次层裂，且 σ_s 等于 λ 的 1/2，即

$$\sigma_s = \frac{\lambda}{2} \tag{7.1}$$

另外，λ 与飞片材质及厚度 σ_f 有关，其值等于加载脉冲持续时间 t_p 内该脉冲在靶板中传播的距离，即

$$\lambda = D_t t_p \tag{7.2}$$

式中：D_t 为靶板中的冲击波速率。

作为近似估算，t_p 可由下式求得：

$$t_p = \frac{2\delta_f}{D_f} \tag{7.3}$$

式中：D_f 为靶板中的冲击波速率。

将式（7.2）和式（7.3）代入式（7.1），可得

$$\delta_s = \delta_f\left(\frac{D_t}{D_f}\right) \tag{7.4}$$

由式（7.4）可知，若飞片与靶板为同种材料（对称碰撞），有 $D_t = D_f$，则 $\delta_s = \delta_f$，即痂片厚度 δ_s 与飞片厚度 δ_f 相同。本书中，飞片名义厚度为 3 mm，故痂片理论（计算）厚度 δ_{SC} 也为 3 mm。实测痂片厚度 δ_s 列于表 7.7 中，由表可知，实测值与理论计算值吻合良好。

3. 痂片飞离速度随冲击压力的变化规律

根据层裂基本理论，作为近似估算，痂片飞离速率 u_s 可由下式计算：

$$u_s = \frac{\sigma_m \lambda / C_L}{\rho_0 \delta_s} = \frac{2\sigma_m}{\rho_0 C_L} \tag{7.5}$$

由式（7.5）可知，单次层裂时，痂片飞离速率仅与峰值压力 σ_m（p_H）及材料波阻抗 $\rho_0 C_L$有关，材料波阻抗越大，痂片飞离速率越小。运用式（7.5）计算所得的三种压力下痂片飞离速率 u_s 如表 7.8 所示。

表 7.8　三种速度下层裂时的痂片飞离速率

试验编号	σ_m/GPa	u_s/(mm · μs^{-1})	W/(mm · μs^{-1})
2	6.30	0.280	0.373

续表

试验编号	σ_m/GPa	u_s/(mm · μs^{-1})	W/(mm · μs^{-1})
3	7. 23	0. 321	0. 424
4	8. 17	0. 363	0. 474

注：因加载速度较低，试验编号 1 的试验痂片未飞离靶板，故表中未列出。

由表 7. 8 可知，三种速度下发生层裂的痂片飞离速度小于飞片着靶速率 W。从能量守恒的角度分析，层裂时有一些能量损耗，痂片飞离的动能小于飞片着靶的动能，故痂片飞离速度小于飞片着靶速度。

7. 3. 3 层裂微损伤形核及扩展特征

裂纹在晶粒内部以微孔洞方式形核，如图 7. 12（a）所示，然后在晶粒内部生长，最后连接成裂纹，造成穿晶断裂，如图 7. 12（b）所示。基体由板条状回火马氏体及板条间薄膜状残余奥氏体组成。由于马氏体板条的排布具有方向性，它对裂纹的扩展方向起到了约束的作用，因此裂纹倾向于沿马氏体板条排列方向扩展，呈现出较强的方向性。当扩展裂纹遇到残余奥氏体时，裂纹前端应力集中消失而钝化，所以进一步的变形只能形成新的裂纹，这就使得裂纹在扩展时不断改变方向，从而在宏观上表现出了十分曲折的裂纹扩展路径。数条微裂纹相互连接时将形成宏观裂纹，导致靶板发生宏观层裂并形成痂片。当冲击压力较大时，痂片将与基体分离飞出，形成裸露的层裂断口。由于裂纹在晶粒内部扩展，且路径较曲折，因此扩展时消耗的能量较多。

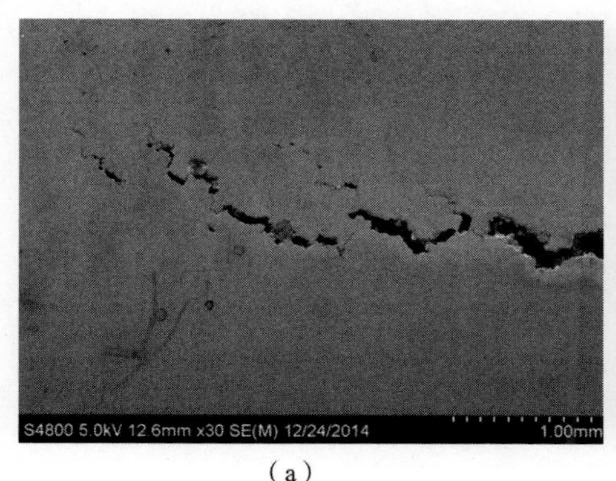

（a）

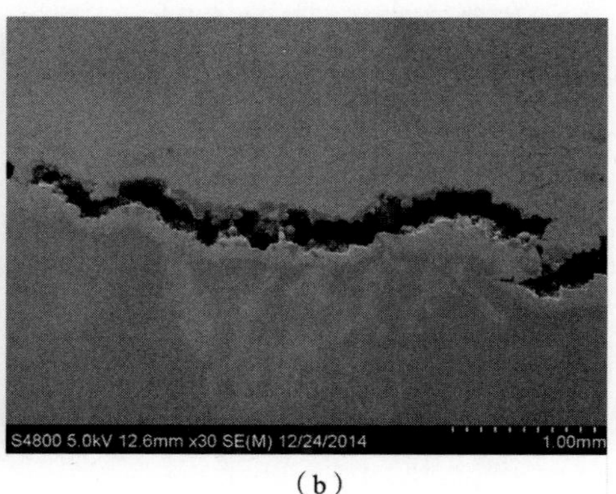

（b）

图 7. 12 层裂裂纹照片

（a）微孔洞形核；（b）微孔洞连接成裂纹

7.3.4 层裂断口形貌特征

图7.13所示为试验钢分别在308 m/s、373 m/s、424 m/s和474 m/s的飞片撞击速度，即在5.37 GPa、6.30 GPa、7.23 GPa和8.17 GPa冲击压力下层裂断口形貌的照片。在冲击压力为5.37 GPa时，由图7.13（a）可知，其层裂断口总体上呈现出崎岖不平、十分粗糙的形貌，这是因裂纹扩展路径十分曲折造成的，断口中也有韧窝特征。图7.13（b）和图7.13（c）中断口形貌也大致如此。由图7.13（d）可以发现，崎岖不平的断口呈明显的韧窝形貌。而韧窝是在拉伸应力作用下产生的，这与上述层裂由拉伸波造成这一力学本质相符合。可以推断，试验钢是以韧性断裂方式为破坏机制的。

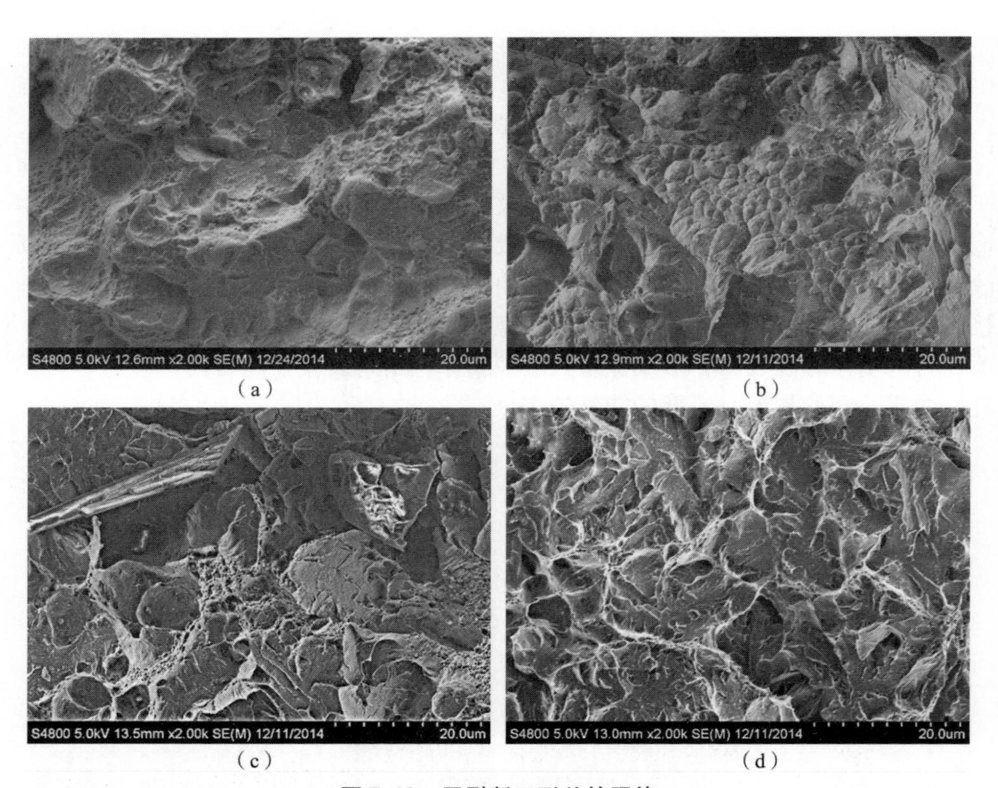

图7.13 层裂断口形貌的照片

（a）308 m/s；（b）373 m/s；（c）424 m/s；（d）474 m/s

7.4 靶试试验

在试验过程中，以设计速度为1 400 m/s和1 200 m/s垂直侵彻混凝土靶板。侵彻后，测量穿深，并对弹体表面进行能谱分析。

7.4.1 试验结果

因为加工弹体时存在尺寸公差，弹体质量也不能完全相同，实际发射速度也存在一定的波动，但这些参数都控制在误差范围之内。具体参数如表7.9所示。

表7.9 模拟弹侵彻试验结果

序号	靶板	弹重/g	药量/g	射角/(°)	速度/(m·s^{-1})	侵深/mm	说明
1	C50 ϕ550 mm×630 mm×2	86.73	215	0	1 418	200	靶板穿深：200 mm，从弹头20 mm处碎多块
2	C45 ϕ550 mm×630 mm×2	86.70	215	0	1 395	460	从弹头50 mm处断掉
3	C50 ϕ550 mm×630 mm×2	87.42	180	0	1 180	455	弹完整

靶试试验结束以后，靶板外观如图7.14所示。

(a)

(b)

图7.14 靶板经弹体侵彻后的外观

(a)，(b) 靶板为C45，速度为1 418 m/s

(c) (d)

(e) (f)

图 7.14 靶板经弹体侵彻后的外观（续）

(c)，(d) 靶板为 C45，速度为 1 395 m/s；(e)，(f) 靶板为 C50，速度为 1 180 m/s

经锤击破碎侵彻后的混凝土靶，才能观察弹道以及测量侵彻深度，如图 7.15 所示。

(a) (b)

图 7.15 弹道轨迹及侵彻深度测量

(a) 1 号弹；(b) 2 号弹

（c）

（d）

图 7.15　弹道轨迹及侵彻深度测量（续）

（c），（d）3 号弹

将混凝土靶破碎取出弹体时经观察发现，1 号弹穿深 200 mm，弹体从弹头 20 mm 处碎成多块，弹头明显变形，如图 7.16（a）所示。2 号弹穿深 460 mm，弹体从弹头 50 mm 处断掉，弹头前端黏结一层混凝土介质，后端发生“缩颈”现象，磨损严重，无明显黏结混凝土现象，如图 7.16（b）所示。3 号弹穿深 455 mm，弹体完整，如图 7.16（c）所示。

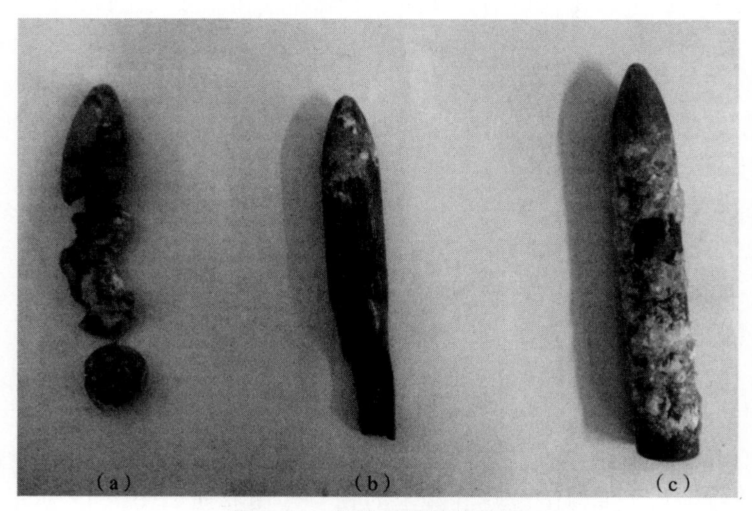

图 7.16　侵彻后弹体的外观

（a）1 号弹；（b）2 号弹；（c）3 号弹

7.4.2 结果分析

对比1号弹和2号弹可知，在相同的侵彻速度（1 400 m/s）下，侵彻C50靶的弹体碎裂成多块，而侵彻C45靶的弹体后部发生“缩颈”后仅裂成两块。在侵彻深度方面，C50靶的弹体远低于C45靶的弹体。对比1号弹和3号弹可知，相同标号的混凝土（C50）靶板在1 400 m/s侵彻时的侵深远低于1 200 m/s侵彻时的侵深。原因是1 400 m/s侵彻时发生了“层裂”，弹体碎裂，难以进一步增加穿深；而弹体以1 200 m/s侵彻时，弹体始终保持完整，反增加了穿深。“层裂”不但与混凝土靶的标号有关，而且和侵彻速度有关。

“缩颈”是在拉伸应力下，材料发生的局部截面缩减的现象。弹体侵彻混凝土靶过程中发生这种现象的分析如下。

由于混凝土靶内的碎石表面、裂纹面等结构能形成反射应力波（冲击波）的界面，在侵彻过程中，弹体前端的靶板可视为一系列小尺寸的靶板，即厚弹侵彻一系列薄靶。根据层裂理论，这时弹体中可能会出现加载波和卸载波正拉伸的情况，发生“缩颈”现象，如超过材料的层裂强度，就会发生层裂现象，续之甚至发生多重层裂。侵彻速度越高，弹体距离小尺寸靶板的另一端越近，经靶板进入弹体的加载波进入得就越早，弹体中形成卸载和加载波正拉伸的位置距弹体后端越近，发生“缩颈”或层裂的部位越靠近弹体后端，更容易发生多重层裂。弹体在侵彻过程中破坏的过程可概括为缩颈→层裂→下一个部位缩颈→下一个部位层裂。发生层裂是否与混凝土中碎石尺寸、重量比有密切关系，而提高侵彻速度更容易使弹体发生“层裂”。

模拟弹在侵彻混凝土靶的过程中，弹靶之间的相互作用是一个复杂的物理、化学过程。弹体与靶板之间的紧密接触并相对运动，会在接触界面上产生巨大的摩擦作用，摩擦产生大量的热使弹体表面的温度迅速升高，弹体表面的高温必将对材料的性能产生影响。在高温状态下，弹体材料的强度会有所下降，当有摩擦力存在时，弹体表面很容易产生脱落现象。此外，产生的高温很有可能达到弹体材料的熔点以上，使弹体表面的材料发生熔化。熔化的材料与相接触的混凝土靶颗粒相互混合，黏结在弹体表面阻碍弹体侵彻，对弹体的侵彻深度产生影响。

模拟弹侵彻后，弹体侧壁与混凝土的相互作用界面如图7.17所示。从图中可以看出，弹体与混凝土靶相互作用的地方分为三个区域，分别为弹体的原始组织区、弹靶间的过渡区域和弹体表面脱落颗粒与混凝土靶的混合区域。

原始组织区在侵彻后无明显变化，过渡区域组织在侵彻作用后表现出流线特征，混合区域中的混凝土块儿包裹着一个个金属状颗粒。对跨界面进行能谱线扫

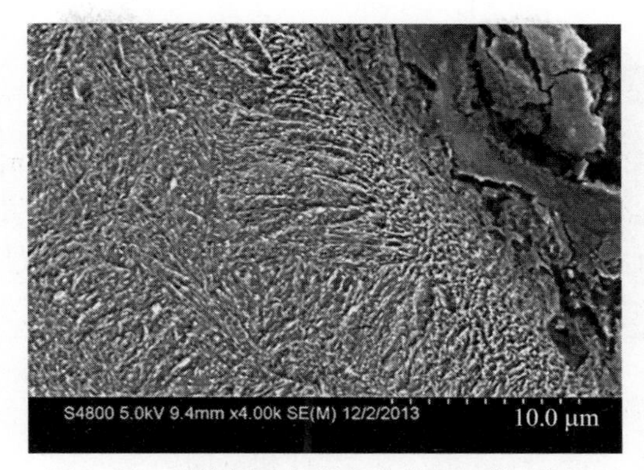

图 7.17　弹体侧壁与混凝土的相互作用界面

描分析，Fe 元素含量从混合区域经过渡区域，呈锯齿形上升。到达弹体原始组织区时，Fe 含量上升幅度较大。说明弹体表面材料熔化，与混凝土发生相互渗透，如图 7.18 所示。

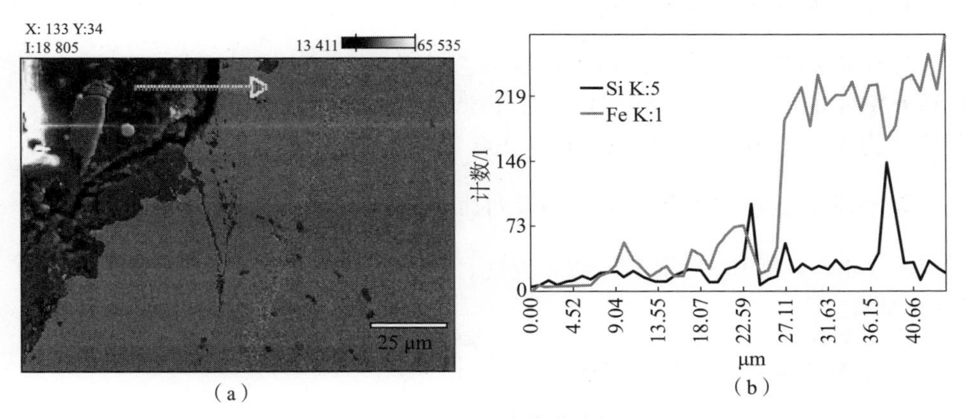

图 7.18　界面的能谱分析

对混凝土中的金属状颗粒进行能谱分析，分析结果如图 7.19 所示。颗粒中的元素主要为 Fe，其次还有 C、Mn 和 Cr。由此可知，图 7.19 所示中的颗粒为弹体脱落物。这与图 7.19 所示中的能谱图相吻合，即图中原始组织区和过渡区均为弹体材料，混合区是混凝土介质与弹体脱落物共存。从图中可以看出，弹体与混凝土靶介质结合良好，散落在混合区金属颗粒与过渡区的弹体材料在外观上保持一致，且弹体脱落物与混凝土颗粒混合均匀。这可能是由于弹靶之间相互作用时，产生的巨大的摩擦阻力造成的。

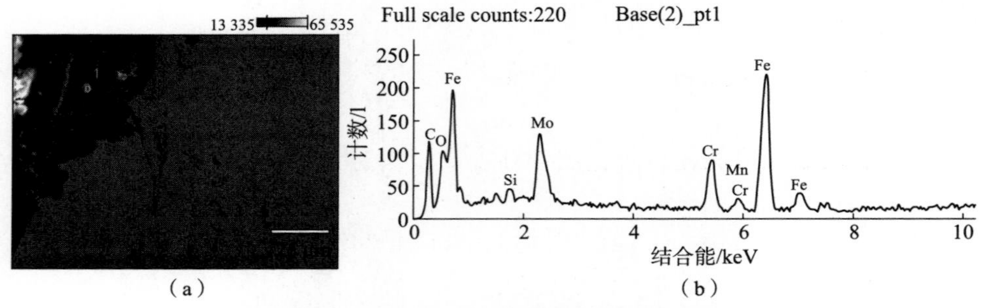

（a）　　（b）

图 7.19　混凝土中金属颗粒的能谱分析

7.5　计算强度与试验强度的对比

1. 计算强度与静态强度对比

经中温回火的 42CrNi2MoWV 钢的强度在 1 500 MPa 左右，与预测值为 1 559 MPa 的绝对误差为59 MPa 左右；低温回火的断裂强度约为 2 100 MPa，与预测值为 1 900 MPa 的绝对误差约为 200 MPa。

2. 计算强度与“绝热剪切”强度对比

在 2 000 s^{-1} 的应变率下，动态强度计算值为 2 736 MPa，试验值为 2 700 ~ 2 800 MPa。

3. 计算强度与层裂强度对比

在冲击速度为 300 m/s 时，层裂强度为 3. 80 GPa，计算值为 3. 98 GPa；在冲击速度为 350 m/s 时，层裂强度为 4. 05 GPa，计算值也是 4. 05 GPa；在冲击速度为 400 m/s 时，层裂强度为 4. 27 GPa，计算值为 4. 08 GPa；在冲击速度为 450 m/s 时，层裂强度为 4. 53 GPa，计算值为 4. 21 GPa。计算层裂强度与试验层裂强度绝对误差为 0 ~0. 32 GPa。

7.6　小　　结

经中温回火的 42CrNi2MoWV 钢的强度在 1 500 MPa 左右，与预测值相对误差约4%；在低温回火的断裂强度约为2 100 MPa，与预测值相对误差10%，说明模型能较好地预测静态强度。

在2 000 s^{-1}的应变率下，动态强度试验值为2 700 ~2 800 MPa，与计算值吻合很好。

与试验层裂强度相比，理论层裂强度的误差为0.0 ~7.6%，误差在允许范围内。

各组样品的 Hugoniot 弹性极限均为1.62 ~1.78 GPa，相差不大，这符合 Hugoniot 弹性极限大小与冲击压力无关的规律。

参考文献

[1] 宋丽萍，王华. 美国精确制导侵彻钻地武器的发展［J］. 飞航导弹，2000，1：40 -44.

[2] 周义，王永良，王自焰. 地下堡垒克星——美军钻地弹的应用与发展［J］. 飞航导弹，2005，4：41 -45.

[3] 周义，美军钻地弹现状与发展趋势［J］. 中国航天，2002，8：31 -34.

[4] 王涛，余文力，王少龙. 国外钻地武器的现状与发展趋势［J］. 导弹与航天运载技术，2005，278（5）：51 -56.

[5] 匡兴华，朱启超，张志勇. 美国新型战略武器发展综述［J］. 国防科技，2008，29（1）：21 -32.

[6] KENNEDY R P. A review of procedures for the analysis and design of concrete structures to resist missile impact effects［J］. Nucl Eng Des，1976，37（2）：183 -203.

[7] 王浩，陶如意. 截卵形弹头对混凝土靶侵彻性能的实验研究［J］. 爆炸与冲击，2005，25（2）：171 -175.

[8] 陈小伟，张方举，杨世全，等. 动能深侵彻弹的力学设计（Ⅲ）：缩比实验分析［J］. 爆炸与冲击，2006，26（2）：105 -114.

[9] FORRESTAL M J，TZOU Y D. A spherical cavity -expansion penetration model for concrete targets［J］. Int. J. Solids Structures，1997，34（31）：4127 -4146.

[10] SIKHANDA S. Dynamic spherical cavity expansion in brittle ceramics［J］. International Journals of Solids and Structures，2001，38（32）：5833 -5845.

[11] BARCLAY D W. Shock calculations for axially symmetric shear wave propagation

in a hyperelastic incompressible solid [J]. Int. J. Non - linear Mech., 2004, 39 (1): 101 - 121.

[12] RAMI M, DAVID D. Cylindrical cavity expansion in compressible Mises and Tresca solids [J]. European Journal of Mechanics A/Solids, 2007, 26 (4): 712 - 727.

[13] 尹放林，王明洋，钱七虎．弹体垂直侵彻深度工程计算模型 [J]. 爆炸与冲击，1997，17 (4)：333 - 339.

[14] 蔺建勋，蒋浩征，蒋建伟，等．弹丸垂直侵彻土壤混凝土复合介质的理论分析模型 [J]. 弹道学报，1999，11 (1)：1 - 10.

[15] 吴小莉，张河，唐亚鸣．基于自由表面效应的弹丸斜侵彻理论研究 [J]. 弹道学报，2003，15 (4)：46 - 50.

[16] 周宁，任辉启，沈兆武．弹丸侵彻钢筋混凝土的工程解析模型 [J]. 爆炸与冲击，2007，27 (6)：529 - 533.

[17] 陈伟，王明洋，顾雷雨．弹体在内摩擦介质中的倾斜侵彻深度计算 [J]. 爆炸与冲击，2008，28 (6)：521 - 526.

[18] Tate A. A theory for the deceleration of long rods after impact [J]. J. Mech. Phys. Solids, 1967, 15 (6): 387 - 399.

[19] 王政．弹靶侵彻动态响应的理论与数值模拟 [D]. 上海：复旦大学，2005.

[20] 李裕春，石党勇，赵远．ANSYS 10.0/LS - DYNA 基础理论与工程实践 [M]. 中国水利水电出版社，2006.

[21] 挥寿榕，涂侯杰，张汉萍．爆炸力学计算方法 [M]. 北京：北京理工大学出版社，1995.

[22] IVANOV A, DENIEM D, NEUKUM G. Implementation of dynamic strength models into 2D hydrocodes: Applications for atmospheric breakup and impact cratering [J]. International Journal of Impact Engineering, 1997, 20 (1): 411 - 430.

[23] MELOSH H J, RYAN E V, ASPHAUG E. Dynamical fragmentation in impacts [J]. J. Geophys, 1992, 97 (14): 735 - 759.

[24] TAYLOR L M, CHEN E P, KUSZMAUL J S. Microcrack - induced damage accumulation in brittle rock under dynamic loading [J]. Computer Methods in Applied Mechanics and Engineering. 1986, 55 (3): 301 - 320.

[25] BUDIANSKY B, O'CONNELL R J. Elastic moduli of a cracked solid [J]. Int. J. Solids Struct, 1976, 12 (2): 81 - 97.

[26] HUANG F L, WU H J, JIN Q K, et al. A numerical simulation on the

perforation of reinforced concrete targets [J]. International Journal of Impact Engineering, 2005, 32 (1): 173 - 187.

[27] 金乾坤. 混凝土动态损伤与失效模型 [J]. 兵工学报, 2006, 27 (1): 10 - 14.

[28] 张凤国, 李恩征. 混凝土撞击损伤模型参数的确定方法 [J]. 弹道学报, 2001, 13 (4): 12 - 16.

[29] 冷冰林, 许金余, 陈勇, 等. 弹丸在不同速率下斜侵彻混凝土的数值模拟 [J]. 弹箭与制导学报, 2008, 28 (3): 123 - 125.

[30] 焦金峰, 夏逸平, 李顺波. 弹丸侵彻钢板夹层钢纤维混凝土遮弹板数值模拟 [J]. 黑龙江科技学院学报, 2009, 19 (1): 26 - 29.

[31] TU Z G, LU Y. Evaluation of typical concrete material models used in hydrocodes for high dynamic response simulations [J]. International Journal of Impact Engineering, 2007, 36 (1): 132 - 146.

[32] TU Z G, LU Y. Modifications of RHT material model for improved numerical simulation of dynamic response of concrete [J]. International Journal of Impact Engineering, 2010, 37 (10): 1072 - 1082.

[33] LUK V K, FORRESTAL M J. Penetration into semi - infinite reinforced - concrete targets with spherical and ogival nose projectiles [J]. International Journal of Impact Engineering, 1987, 6 (4): 291 - 301.

[34] 吕晓聪, 许金余, 吴洪. 钢纤维混凝土靶在弹体侵彻作用下的三维数值模拟 [J]. 空军工程大学学报, 2007, 8 (2): 91 - 94.

[35] 王礼立. 应力波基础 [M]. 2版. 北京: 国防工业出版社, 2005.

[36] MURR L E, STAUDHAMMER K P. Effect of stress amplitude and stress duration on twinning and phase transformations in shock - loaded and cold - rolled 304 stainless steel [J]. Materials Science and Engineering, 1975, 20 (1): 35 - 46.

[37] ASPHAUG E, MELOSH H J. The Stickney impact of phobos: A dynamic model [J]. Icarus, 1993, 101 (1): 144 - 164.

附录 A　价电子结构的计算程序

A.1　计算软件及硬件

（1）计算软件：MATLAB7.0；

（2）操作系统：Microsoft Windows 7 Ulimate/64 – bit/Service Pack 1；

（3）中央处理器：Intel （R）Core （TM）i3 –2330M CPU @ 2.20 GHz 2.20 GHz。

A.2　计算程序

A.2.1　指定元素的杂化双态

```
function [ l, m, n, t, l1, m1, n1, t1, Rh, Rt ] =
tiaochuzahuashuangtai(yuanshu)
%input('Cr 1,Ni 2,Mo 3,W 4,V 5,Mn 6,Cu 7,NiB 22 Al 9  Si 12
Zr 15 Sn 14 Fe c 11 Co 17 feA 18 Nb 41 Ta 73');
if yuanshu ==1
l =2;m =1;n =3;t =0;
```

```
l1 =1;m1 =1;n1 =1;t1 =1;
Rh =0.1067;
Rt =0.12337;
end
if yuanshu ==2
l =1;m =3;n =2;t =0;
l1 =1;m1 =3;n1 =3;t1 =1;
Rh =0.1195;
Rt =0.11379;
end
if yuanshu ==22
l =1;m =3;n =2;t =0;
l1 =1;m1 =3;n1 =4;t1 =1;
Rh =0.1195;
Rt =0.1095;
end
if yuanshu ==8
l =1;m =3;n =2;t =0;
l1 =1;m1 =3;n1 =4;t1 =1;
Rh =0.1195;
Rt =0.1095;
end
if yuanshu ==171
l =2;m =2;n =2;t =0;
l1 =1;m1 =2;n1 =4;t1 =1;
Rh =0.12047;
Rt =0.1038;
end
if yuanshu ==17
l =2;m =2;n =2;t =0;
l1 =1;m1 =3;n1 =3;t1 =1;
Rh =0.12047;
Rt =0.1138;
end
```

```
if yuanshu ==3
    %Mo A
l =2;m =2;n =2;t =0;
l1 =1;m1 =0;n1 =3;t1 =1;
Rh =0.14007;
Rt =0.09728;
%Mo C
%   l =1;m =1;n =4;t =0;
% l1 =1;m1 =2;n1 =1;t1 =1;
% Rh =0.10583;
% Rt =0.14863;
end
if yuanshu ==4
l =2;m =2;n =2;t =0;
l1 =1;m1 =0;n1 =3;t1 =1;
Rh =0.13847;
Rt =0.1028;
end
if yuanshu ==5
l =2;m =2;n =1;t =0;
l1 =1;m1 =1;n1 =3;t1 =1;
Rh =0.139;
Rt =0.095;
end
if yuanshu ==41
l =2;m =2;n =1;t =0;
l1 =1;m1 =1;n1 =3;t1 =1;
Rh =0.15606;
Rt =0.11098;
end
if yuanshu ==73
l =2;m =2;n =1;t =0;
l1 =1;m1 =1;n1 =3;t1 =1;
Rh =0.15148;
```

```
Rt =0.11444;
end
if yuanshu ==6
l =1;m =2;n =2;t =0;
l1 =1;m1 =2;n1 =4;t1 =1;
Rh =0.1164;
Rt =0.10091;
end
if yuanshu ==7
l =1;m =2;n =2;t =0;
l1 =1;m1 =3;n1 =3;t1 =0;
Rh =0.11520;
Rt =0.11380;
end
if yuanshu ==9
l =2;m =1;n =0;t =0;
l1 =1;m1 =2;n1 =0;t1 =1;
Rh =0.1190;
Rt =0.1190;
end
if yuanshu ==10
l =2;m =2;n =2;t =0;
l1 =1;m1 =3;n1 =0;t1 =0;
Rh =0.12047;
Rt =0.14380;
end
%Fe c
if yuanshu ==11
l =2;m =1;n =2;t =0;
l1 =1;m1 =2;n1 =0;t1 =1;
Rh =0.1161;
Rt =0.1481;
end
if yuanshu ==111
```

```
l =2;m =1;n =2;t =0;
l1 =1;m1 =1;n1 =4;t1 =1;
Rh =0.1161;
Rt =0.09477;
end
%Si
if yuanshu ==12
l =2;m =2;n =0;t =0;
l1 =1;m1 =3;n1 =0;t1 =1;
Rh =0.1170;
Rt =0.1170;
end
%Nb A
if yuanshu ==13
l =2;m =2;n =1;t =0;
l1 =1;m1 =1;n1 =3;t1 =1;
Rh =0.15606;
Rt =0.11098;
end
%Zr b
if yuanshu ==15
l =2;m =1;n =1;t =0;
l1 =1;m1 =1;n1 =2;t1 =1;
Rh =0.15223;
Rt =0.12155;
end
%Sn
if yuanshu ==14
l =2;m =2;n =0;t =0;
l1 =1;m1 =3;n1 =0;t1 =1;
Rh =0.1399;
Rt =0.1399;
end
%Ta
```

```
if yuanshu ==16
l =2;m =2;n =1;t =0;
l1 =1;m1 =1;n1 =3;t1 =1;
Rh =0.15148;
Rt =0.11444;
end
if yuanshu ==18

l =2;m =1;n =2;t =0;
l1 =1;m1 =1;n1 =4;t1 =1;
Rh =0.1161;
Rt =0.09477;
end
if yuanshu ==47
l =1;m =2;n =2;t =0;
l1 =1;m1 =3;n1 =3;t1 =0;
Rh =0.13170;
Rt =0.13020;
end
if yuanshu ==29
l =1;m =2;n =2;t =0;
l1 =1;m1 =3;n1 =3;t1 =0;
Rh =0.11520;
Rt =0.11380;
end
if yuanshu ==292

l =1;m =3;n =2;t =0;
l1 =1;m1 =3;n1 =3;t1 =0;
Rh =0.11853;
Rt =0.11380;
end
if yuanshu ==79
l =1;m =2;n =2;t =0;
```

```
    l1 =1;m1 =3;n1 =3;t1 =0;
    Rh =0.1319;
    Rt =0.1303;

    end
```

A.2.2 不含合金马氏体

```
    function  [nA,nB,nC,nD,nE,nF,nG,nH,N] = csthreeMshiti
(tanhanliangw)
    l =2;m =1;n =2;t =0;
    l1 =1;m1 =1;n1 =4;t1 =1;
    Rh =0.1161;
    Rt =0.09477;
    hejinzhonglei =18;
    k(1) =(t1 * l1 +m1 +n1)/(t * l +m +n) * sqrt((l1 +m1 +n1)/(l +m +
n)) * (l + sqrt(3 * m) + sqrt(5 * n))/(l1 + sqrt(3 * m1) + sqrt(5 *
n1));
    k(2) =(t1 * l1 +m1 +n1)/(t * l +m +n) * sqrt((l1 +m1 +n1)/(l +m +
n)) * (l + sqrt(3 * m) + sqrt(5 * n))/(l1 + sqrt(3 * m1) - sqrt(5 *
n1));
    k(3) =(t1 * l1 +m1 +n1)/(t * l +m +n) * sqrt((l1 +m1 +n1)/(l +m +
n)) * (l + sqrt(3 * m) + sqrt(5 * n))/(l1 - sqrt(3 * m1) + sqrt(5 *
n1));
    k(4) =(t1 * l1 +m1 +n1)/(t * l +m +n) * sqrt((l1 +m1 +n1)/(l +m +
n)) * (l + sqrt(3 * m) + sqrt(5 * n))/(l1 - sqrt(3 * m1) - sqrt(5 *
n1));
    k(5) =(t1 * l1 +m1 +n1)/(t * l +m +n) * sqrt((l1 +m1 +n1)/(l +m +
n)) * (l + sqrt(3 * m) - sqrt(5 * n))/(l1 + sqrt(3 * m1) + sqrt(5 *
n1));
    k(6) =(t1 * l1 +m1 +n1)/(t * l +m +n) * sqrt((l1 +m1 +n1)/(l +m +
n)) * (l + sqrt(3 * m) + sqrt(5 * n))/(l1 + sqrt(3 * m1) - sqrt(5 *
n1));
    k(7) =(t1 * l1 +m1 +n1)/(t * l +m +n) * sqrt((l1 +m1 +n1)/(l +m +
```

```
n))*(l+sqrt(3*m)-sqrt(5*n))/(l1-sqrt(3*m1)+sqrt(5*
n1));
    k(8)=(t1*l1+m1+n1)/(t*l+m+n)*sqrt((l1+m1+n1)/(l+m+
n))*(l+sqrt(3*m)-sqrt(5*n))/(l1-sqrt(3*m1)-sqrt(5*
n1));
    k(9)=(t1*l1+m1+n1)/(t*l+m+n)*sqrt((l1+m1+n1)/(l+m+
n))*(l-sqrt(3*m)+sqrt(5*n))/(l1+sqrt(3*m1)+sqrt(5*
n1));
    k(10)=(t1*l1+m1+n1)/(t*l+m+n)*sqrt((l1+m1+n1)/
(l+m+n))*(l-sqrt(3*m)+sqrt(5*n))/(l1+sqrt(3*m1)-
sqrt(5*n1));
    k(11)=(t1*l1+m1+n1)/(t*l+m+n)*sqrt((l1+m1+n1)/
(l+m+n))*(l-sqrt(3*m)+sqrt(5*n))/(l1-sqrt(3*m1)+
sqrt(5*n1));
    k(12)=(t1*l1+m1+n1)/(t*l+m+n)*sqrt((l1+m1+n1)/
(l+m+n))*(l-sqrt(3*m)+sqrt(5*n))/(l1-sqrt(3*m1)-
sqrt(5*n1));
    k(13)=(t1*l1+m1+n1)/(t*l+m+n)*sqrt((l1+m1+n1)/
(l+m+n))*(l-sqrt(3*m)-sqrt(5*n))/(l1+sqrt(3*m1)+
sqrt(5*n1));
    k(14)=(t1*l1+m1+n1)/(t*l+m+n)*sqrt((l1+m1+n1)/
(l+m+n))*(l-sqrt(3*m)+sqrt(5*n))/(l1+sqrt(3*m1)-
sqrt(5*n1));
    k(15)=(t1*l1+m1+n1)/(t*l+m+n)*sqrt((l1+m1+n1)/
(l+m+n))*(l-sqrt(3*m)-sqrt(5*n))/(l1-sqrt(3*m1)+
sqrt(5*n1));
    k(16)=(t1*l1+m1+n1)/(t*l+m+n)*sqrt((l1+m1+n1)/
(l+m+n))*(l-sqrt(3*m)-sqrt(5*n))/(l1-sqrt(3*m1)-
sqrt(5*n1));
    Ct=1./(1+k.^2);
    Ct(17)=0;
    Ct(18)=1;
    Ct=sort(Ct);
    Ch=1-Ct;
```

```
ncfe1 =(t * l +m +n). * Ch +(t1 * l1 +m1 +n1). * Ct;
nlfe1 =(1 -t) * l. * Ch +(1 -t1) * l1. * Ct;
ncfe2 =ncfe1;
nlfe2 =nlfe1;
ncfe3 =ncfe1;
nlfe3 =nlfe1;
Rfe2 =Ch * Rh +Ct * Rt;
Rfe3 =Rfe2;
hejinzhonglei =18;
[l, m, n, t, l1, m1, n1, t1, Rh, Rt] = tiaochuzahuashuangtai
(hejinzhonglei);
k(1) =(t1 * l1 +m1 +n1)/(t * l +m +n) * sqrt((l1 +m1 +n1)/(l +m +
n)) * (l + sqrt(3 * m) + sqrt(5 * n))/(l1 + sqrt(3 * m1) + sqrt(5 *
n1));
k(2) =(t1 * l1 +m1 +n1)/(t * l +m +n) * sqrt((l1 +m1 +n1)/(l +m +
n)) * (l + sqrt(3 * m) + sqrt(5 * n))/(l1 + sqrt(3 * m1) - sqrt(5 *
n1));
k(3) =(t1 * l1 +m1 +n1)/(t * l +m +n) * sqrt((l1 +m1 +n1)/(l +m +
n)) * (l + sqrt(3 * m) + sqrt(5 * n))/(l1 - sqrt(3 * m1) + sqrt(5 *
n1));
k(4) =(t1 * l1 +m1 +n1)/(t * l +m +n) * sqrt((l1 +m1 +n1)/(l +m +
n)) * (l + sqrt(3 * m) + sqrt(5 * n))/(l1 - sqrt(3 * m1) - sqrt(5 *
n1));
k(5) =(t1 * l1 +m1 +n1)/(t * l +m +n) * sqrt((l1 +m1 +n1)/(l +m +
n)) * (l + sqrt(3 * m) - sqrt(5 * n))/(l1 + sqrt(3 * m1) + sqrt(5 *
n1));
k(6) =(t1 * l1 +m1 +n1)/(t * l +m +n) * sqrt((l1 +m1 +n1)/(l +m +
n)) * (l + sqrt(3 * m) + sqrt(5 * n))/(l1 + sqrt(3 * m1) - sqrt(5 *
n1));
k(7) =(t1 * l1 +m1 +n1)/(t * l +m +n) * sqrt((l1 +m1 +n1)/(l +m +
n)) * (l + sqrt(3 * m) - sqrt(5 * n))/(l1 - sqrt(3 * m1) + sqrt(5 *
n1));
k(8) =(t1 * l1 +m1 +n1)/(t * l +m +n) * sqrt((l1 +m1 +n1)/(l +m +
n)) * (l + sqrt(3 * m) - sqrt(5 * n))/(l1 - sqrt(3 * m1) - sqrt(5 *
```

```
n1));
    k(9) =(t1 * l1 +m1 +n1)/(t * l +m +n) * sqrt((l1 +m1 +n1)/(l +m +
n)) * (l - sqrt(3 * m) + sqrt(5 * n))/(l1 + sqrt(3 * m1) + sqrt(5 *
n1));
    k(10) =(t1 * l1 +m1 +n1)/(t * l +m +n) * sqrt((l1 +m1 +n1)/(l +
m +n)) * (l - sqrt(3 * m) + sqrt(5 * n))/(l1 + sqrt(3 * m1) - sqrt(5 *
n1));
    k(11) =(t1 * l1 +m1 +n1)/(t * l +m +n) * sqrt((l1 +m1 +n1)/(l +
m +n)) * (l - sqrt(3 * m) + sqrt(5 * n))/(l1 - sqrt(3 * m1) + sqrt(5 *
n1));
    k(12) =(t1 * l1 +m1 +n1)/(t * l +m +n) * sqrt((l1 +m1 +n1)/(l +
m +n)) * (l - sqrt(3 * m) + sqrt(5 * n))/(l1 - sqrt(3 * m1) - sqrt(5 *
n1));
    k(13) =(t1 * l1 +m1 +n1)/(t * l +m +n) * sqrt((l1 +m1 +n1)/(l +
m +n)) * (l - sqrt(3 * m) - sqrt(5 * n))/(l1 + sqrt(3 * m1) + sqrt(5 *
n1));
    k(14) =(t1 * l1 +m1 +n1)/(t * l +m +n) * sqrt((l1 +m1 +n1)/(l +
m +n)) * (l - sqrt(3 * m) + sqrt(5 * n))/(l1 + sqrt(3 * m1) - sqrt(5 *
n1));
    k(15) =(t1 * l1 +m1 +n1)/(t * l +m +n) * sqrt((l1 +m1 +n1)/(l +
m +n)) * (l - sqrt(3 * m) - sqrt(5 * n))/(l1 - sqrt(3 * m1) + sqrt(5 *
n1));
    k(16) =(t1 * l1 +m1 +n1)/(t * l +m +n) * sqrt((l1 +m1 +n1)/(l +
m +n)) * (l - sqrt(3 * m) - sqrt(5 * n))/(l1 - sqrt(3 * m1) - sqrt(5 *
n1));
    Ct =1./(1 +k.^2);
    Ct(17) =0;
    Ct(18) =1;
    Ct =sort(Ct);
    Ch =1 -Ct;
    ncMe =(t * l +m +n).* Ch +(t1 * l1 +m1 +n1).* Ct;
    nlMe =(1 -t) * l.* Ch +(1 -t1) * l1.* Ct;
    RMe =Ch * Rh +Ct * Rt;
    Rc =0.0763 * ones(1,6);
```

```
    ncc=[2.0000      2.0962       2.3362      3.6638      3.9038
4.0000];
    nlc=[2 1.904 1.664 0.336 0.096 0];
    a=0.28664-0.0032*tanhanliangw;
    c=a*(1+0.066*tanhanliangw);
    tanhanliangyuanzishu=tanhanliangw/12/(tanhanliangw/12+
(100-tanhanliangw)/56)*100;
    ac=1/4*(5-100/tanhanliangyuanzishu)*0.28664+1/4*
(100/tanhanliangyuanzishu-1)*a;
    cc=1/4*(5-100/tanhanliangyuanzishu)*0.28664+1/4*
(100/tanhanliangyuanzishu-1)*c;
    D1=1/2*cc;
    D2=sqrt(2)/2*ac;
    D3=sqrt(1/2*ac^2+1/4*cc^2);
    D4=D3;
    D5=ac;
    D6=sqrt(ac^2+1/4*cc^2);
    D7=cc;
    D8=sqrt(2)*ac;
    I1=4;I2=8;I3=16;I4=16;I5=8;I6=16;I7=2;I8=4;
    for i=1:6
          for j=1:18
           for y=1:18
               for z=1:18
                   r2(j,y)=10.^(((D1-D2)+(Rfe2(y)-RMe(j)))/
0.071);
                   r3(i,y)=10.^(((D1-D3)+(Rfe2(y)-Rc(i)))/
0.071);
                   r4(i,j,y,z)=10.^(((D1-D4)+(Rfe2(y)+Rfe3
(z)-Rc(i)-RMe(j)))/0.071);
                   r5(i,j,y)=10.^(((D1-D5)+(2*Rfe2(y)-Rc(i)-
RMe(j)))/0.071);
                   r6(j,z)=10.^(((D1-D6)+(Rfe3(z)-RMe(j)))/
0.071);
```

```
                r7(i,j,z) =10.^(((D1 - D7) + (2 * Rfe3(z) - Rc(i) - RMe(j)))/0.071);
                r8(i,j,z) =10.^(((D1 - D8) + (2 * Rfe3(z) - Rc(i) - RMe(j)))/0.071);
               n1(i,j,y,z) = (ncc(i) + ncMe(j) + 2 * ncfe2(y) + ncfe3(z))/(I1 + I2. * r2(j,y) + I3. * r3(i,y) + I4. * r4(i,j,y,z) + I5. * r5(i,j,y) + I6. * r6(j,z) + I7. * r7(i,j,z) + I8. * r8(i,j,z));
                n2(i,j,y,z) = n1(i,j,y,z). * r2(j,y);
                n3(i,j,y,z) = n1(i,j,y,z). * r3(i,y);
                n4(i,j,y,z) = n1(i,j,y,z). * r4(i,j,y,z);
                n5(i,j,y,z) = n1(i,j,y,z). * r5(i,j,y);
                n6(i,j,y,z) = n1(i,j,y,z). * r6(j,z);
                n7(i,j,y,z) = n1(i,j,y,z). * r7(i,j,z);
                n8(i,j,y,z) = n1(i,j,y,z). * r8(i,j,z);

                D11(i,j,y,z) = Rc(i) + RMe(j) - 0.071 * log(n1(i,j,y,z))/log(10);
                D22(i,j,y,z) = Rc(i) + Rfe2(y) - 0.071 * log(n2(i,j,y,z))/log(10);
                D33(i,j,y,z) = RMe(j) + Rfe2(y) - 0.071 * log(n3(i,j,y,z))/log(10);
                D44(i,j,y,z) = Rfe2(y) + Rfe3(z) - 0.071 * log(n4(i,j,y,z))/log(10);
                D55(i,j,y,z) = 2 * Rfe2(y) - 0.071 * log(n5(i,j,y,z))/log(10);
                D66(i,j,y,z) = Rc(i) + Rfe3(z) - 0.071 * log(n6(i,j,y,z))/log(10);
                D77(i,j,y,z) = 2 * Rfe3(z) - 0.071 * log(n7(i,j,y,z))/log(10);
                D88(i,j,y,z) = 2 * Rfe3(z) - 0.071 * log(n8(i,j,y,z))/log(10);

                tD1(i,j,y,z) = D1 - D11(i,j,y,z);tD2(i,j,y,z) = D2 - D22(i,j,y,z);tD3(i,j,y,z) = D3 - D33(i,j,y,z);
```

```
                tD4(i,j,y,z)=D4-D44(i,j,y,z);tD5(i,j,y,
z)=D5-D55(i,j,y,z);tD6(i,j,y,z)=D6-D66(i,j,y,z);
                tD7(i,j,y,z)=D7-D77(i,j,y,z);tD8(i,j,y,
z)=D8-D88(i,j,y,z);
            end
        end
    end
end
N=0;
b=0.005;

for i=6
    for j=1:18
        for y=1:18
            for z=1:18
                        jihao(i,j,y,z)=100;
                if abs(tD1(i,j,y,z))<b&abs(tD2(i,j,y,z))<
b&abs(tD3(i,j,y,z))<b&abs(tD4(i,j,y,z))<b&abs(tD5(i,j,y,
z))<b&abs(tD6(i,j,y,z))<b&abs(tD7(i,j,y,z))<b&abs(tD8(i,
j,y,z))<b==1
                    N=N+1;

                    if y>8&z>8&y>=z&j==y
                        jihao(i,j,y,z)=tD1(i,j,y,z);
                    end
                end
            end
        end
    end
end
for i=6
    for j=1:18
        for y=1:18
            for z=1:18
```

```
                    if jihao(6, j, y, z) = = min(min(min(min
(jihao))))
                    input('i j y z = ');
                     i
                     j
                    y
                    z
                     input('nlc(i) nlMe(j) nlFe2(y) nlfe3(z)');
                     nlc(i)
                     nlMe(j)
                     nlfe2(y)
                     nlfe3(z)
                    nA = n1(i,j,y,z);
                    gongjiamidu = nA/(ac^2 * cc)
                    gongjiamidubi = gongjiamidu/35.7129
                     nB = n2(i,j,y,z);
                     nC = n3(i,j,y,z );
                     nD = n4(i,j,y,z);
                     nE = n5(i,j,y,z);
                     nF = n6(i,j,y,z);
                     nG = n7(i,j,y,z);
                     nH = n8(i,j,y,z);
                end
             end
          end
       end
    end
    end
```

A. 2. 3 单合金马氏体

```
    function   [nA,nB,nC,nD,nE,nF,nG,nH,N] = csthreedanhejinMshiti
(tanhanliangw,hejinzhonglei)
    l = 2;m = 1;n = 2;t = 0;
```

```
l1 =1;m1 =1;n1 =4;t1 =1;
Rh =0.1161;
Rt =0.09477;
k(1) =(t1 * l1 +m1 +n1)/(t * l +m +n) * sqrt((l1 +m1 +n1)/(l +m +
n)) * (l + sqrt(3 * m) + sqrt(5 * n))/(l1 + sqrt(3 * m1) + sqrt(5 *
n1));
k(2) =(t1 * l1 +m1 +n1)/(t * l +m +n) * sqrt((l1 +m1 +n1)/(l +m +
n)) * (l + sqrt(3 * m) + sqrt(5 * n))/(l1 + sqrt(3 * m1) - sqrt(5 *
n1));
k(3) =(t1 * l1 +m1 +n1)/(t * l +m +n) * sqrt((l1 +m1 +n1)/(l +m +
n)) * (l + sqrt(3 * m) + sqrt(5 * n))/(l1 - sqrt(3 * m1) + sqrt(5 *
n1));
k(4) =(t1 * l1 +m1 +n1)/(t * l +m +n) * sqrt((l1 +m1 +n1)/(l +m +
n)) * (l + sqrt(3 * m) + sqrt(5 * n))/(l1 - sqrt(3 * m1) - sqrt(5 *
n1));
k(5) =(t1 * l1 +m1 +n1)/(t * l +m +n) * sqrt((l1 +m1 +n1)/(l +m +
n)) * (l + sqrt(3 * m) - sqrt(5 * n))/(l1 + sqrt(3 * m1) + sqrt(5 *
n1));
k(6) =(t1 * l1 +m1 +n1)/(t * l +m +n) * sqrt((l1 +m1 +n1)/(l +m +
n)) * (l + sqrt(3 * m) + sqrt(5 * n))/(l1 + sqrt(3 * m1) - sqrt(5 *
n1));
k(7) =(t1 * l1 +m1 +n1)/(t * l +m +n) * sqrt((l1 +m1 +n1)/(l +m +
n)) * (l + sqrt(3 * m) - sqrt(5 * n))/(l1 - sqrt(3 * m1) + sqrt(5 *
n1));
k(8) =(t1 * l1 +m1 +n1)/(t * l +m +n) * sqrt((l1 +m1 +n1)/(l +m +
n)) * (l + sqrt(3 * m) - sqrt(5 * n))/(l1 - sqrt(3 * m1) - sqrt(5 *
n1));
k(9) =(t1 * l1 +m1 +n1)/(t * l +m +n) * sqrt((l1 +m1 +n1)/(l +m +
n)) * (l - sqrt(3 * m) + sqrt(5 * n))/(l1 + sqrt(3 * m1) + sqrt(5 *
n1));
k(10) =(t1 * l1 +m1 +n1)/(t * l +m +n) * sqrt((l1 +m1 +n1)/(l +
m +n)) * (l - sqrt(3 * m) + sqrt(5 * n))/(l1 + sqrt(3 * m1) - sqrt(5 *
n1));
k(11) =(t1 * l1 +m1 +n1)/(t * l +m +n) * sqrt((l1 +m1 +n1)/(l +
```

```
m+n))*(l-sqrt(3*m)+sqrt(5*n))/(l1-sqrt(3*m1)+sqrt(5*
n1));
    k(12)=(t1*l1+m1+n1)/(t*l+m+n)*sqrt((l1+m1+n1)/(l+
m+n))*(l-sqrt(3*m)+sqrt(5*n))/(l1-sqrt(3*m1)-sqrt(5*
n1));
    k(13)=(t1*l1+m1+n1)/(t*l+m+n)*sqrt((l1+m1+n1)/(l+
m+n))*(l-sqrt(3*m)-sqrt(5*n))/(l1+sqrt(3*m1)+sqrt(5*
n1));
    k(14)=(t1*l1+m1+n1)/(t*l+m+n)*sqrt((l1+m1+n1)/(l+
m+n))*(l-sqrt(3*m)+sqrt(5*n))/(l1+sqrt(3*m1)-sqrt(5*
n1));
    k(15)=(t1*l1+m1+n1)/(t*l+m+n)*sqrt((l1+m1+n1)/(l+
m+n))*(l-sqrt(3*m)-sqrt(5*n))/(l1-sqrt(3*m1)+sqrt(5*
n1));
    k(16)=(t1*l1+m1+n1)/(t*l+m+n)*sqrt((l1+m1+n1)/(l+
m+n))*(l-sqrt(3*m)-sqrt(5*n))/(l1-sqrt(3*m1)-sqrt(5*
n1));
    Ct=1./(1+k.^2);
    Ct(17)=0;
    Ct(18)=1;
    Ct=sort(Ct);
    Ch=1-Ct;
    ncfe1=(t*l+m+n).*Ch+(t1*l1+m1+n1).*Ct;
    nlfe1=(1-t)*l.*Ch+(1-t1)*l1.*Ct;
    ncfe2=ncfe1;
    nlfe2=nlfe1;
    ncfe3=ncfe1;
    nlfe3=nlfe1;
    Rfe2=Ch*Rh+Ct*Rt;
    Rfe3=Rfe2;
    [l, m, n, t, l1, m1, n1, t1, Rh, Rt] = tiaochuzahuashuangtai
(hejinzhonglei);
    k(1)=(t1*l1+m1+n1)/(t*l+m+n)*sqrt((l1+m1+n1)/(l+m+
n))*(l+sqrt(3*m)+sqrt(5*n))/(l1+sqrt(3*m1)+sqrt(5*
```

```
n1));
    k(2)=(t1*l1+m1+n1)/(t*l+m+n)*sqrt((l1+m1+n1)/(l+m+
n))*(l+sqrt(3*m)+sqrt(5*n))/(l1+sqrt(3*m1)-sqrt(5*
n1));
    k(3)=(t1*l1+m1+n1)/(t*l+m+n)*sqrt((l1+m1+n1)/(l+m+
n))*(l+sqrt(3*m)+sqrt(5*n))/(l1-sqrt(3*m1)+sqrt(5*
n1));
    k(4)=(t1*l1+m1+n1)/(t*l+m+n)*sqrt((l1+m1+n1)/(l+m+
n))*(l+sqrt(3*m)+sqrt(5*n))/(l1-sqrt(3*m1)-sqrt(5*
n1));
    k(5)=(t1*l1+m1+n1)/(t*l+m+n)*sqrt((l1+m1+n1)/(l+m+
n))*(l+sqrt(3*m)-sqrt(5*n))/(l1+sqrt(3*m1)+sqrt(5*
n1));
    k(6)=(t1*l1+m1+n1)/(t*l+m+n)*sqrt((l1+m1+n1)/(l+m+
n))*(l+sqrt(3*m)+sqrt(5*n))/(l1+sqrt(3*m1)-sqrt(5*
n1));
    k(7)=(t1*l1+m1+n1)/(t*l+m+n)*sqrt((l1+m1+n1)/(l+m+
n))*(l+sqrt(3*m)-sqrt(5*n))/(l1-sqrt(3*m1)+sqrt(5*
n1));
    k(8)=(t1*l1+m1+n1)/(t*l+m+n)*sqrt((l1+m1+n1)/(l+m+
n))*(l+sqrt(3*m)-sqrt(5*n))/(l1-sqrt(3*m1)-sqrt(5*
n1));
    k(9)=(t1*l1+m1+n1)/(t*l+m+n)*sqrt((l1+m1+n1)/(l+m+
n))*(l-sqrt(3*m)+sqrt(5*n))/(l1+sqrt(3*m1)+sqrt(5*
n1));
    k(10)=(t1*l1+m1+n1)/(t*l+m+n)*sqrt((l1+m1+n1)/(l+
m+n))*(l-sqrt(3*m)+sqrt(5*n))/(l1+sqrt(3*m1)-sqrt(5*
n1));
    k(11)=(t1*l1+m1+n1)/(t*l+m+n)*sqrt((l1+m1+n1)/(l+
m+n))*(l-sqrt(3*m)+sqrt(5*n))/(l1-sqrt(3*m1)+sqrt(5*
n1));
    k(12)=(t1*l1+m1+n1)/(t*l+m+n)*sqrt((l1+m1+n1)/(l+
m+n))*(l-sqrt(3*m)+sqrt(5*n))/(l1-sqrt(3*m1)-sqrt(5*
n1));
```

```
    k(13) =(t1 * l1 +m1 +n1)/(t * l +m +n) * sqrt((l1 +m1 +n1)/(l +
m +n)) * (l - sqrt(3 * m) - sqrt(5 * n))/(l1 + sqrt(3 * m1) + sqrt(5 *
n1));
    k(14) =(t1 * l1 +m1 +n1)/(t * l +m +n) * sqrt((l1 +m1 +n1)/(l +
m +n)) * (l - sqrt(3 * m) + sqrt(5 * n))/(l1 + sqrt(3 * m1) - sqrt(5 *
n1));
    k(15) =(t1 * l1 +m1 +n1)/(t * l +m +n) * sqrt((l1 +m1 +n1)/(l +
m +n)) * (l - sqrt(3 * m) - sqrt(5 * n))/(l1 - sqrt(3 * m1) + sqrt(5 *
n1));
    k(16) =(t1 * l1 +m1 +n1)/(t * l +m +n) * sqrt((l1 +m1 +n1)/(l +
m +n)) * (l - sqrt(3 * m) - sqrt(5 * n))/(l1 - sqrt(3 * m1) - sqrt(5 *
n1));
    Ct =1. /(1 + k. ^2);
    Ct(17) =0;
    Ct(18) =1;
    Ct =sort(Ct);
    Ch =1 - Ct;
    ncMe =(t * l +m +n). * Ch +(t1 * l1 +m1 +n1). * Ct;
    nlMe =(1 - t) * l. * Ch +(1 - t1) * l1. * Ct;
    RMe =Ch * Rh + Ct * Rt;
    Rc =0.0763 * ones(1,6);
    ncc =[2.0000    2.0962    2.3362    3.6638    3.9038
4.0000];
    nlc =[2 1.904 1.664 0.336 0.096 0];
    a =0.28664 -0.0032 * tanhanliangw;
    c =a * (1 +0.066 * tanhanliangw);
    tanhanliangyuanzishu = tanhanliangw/12/(tanhanliangw/12 +
(100 - tanhanliangw)/56) * 100;
    ac = 1/4 * (5 - 100/tanhanliangyuanzishu) * 0.28664 + 1/4 *
(100/tanhanliangyuanzishu -1) * a
    cc = 1/4 * (5 - 100/tanhanliangyuanzishu) * 0.28664 + 1/4 *
(100/tanhanliangyuanzishu -1) * c;
    D1 =1/2 * cc;
    D2 =sqrt(2)/2 * ac;
```

```
D3 = sqrt(1/2 * ac^2 + 1/4 * cc^2);
D4 = D3;
D5 = ac;
D6 = sqrt(ac^2 + 1/4 * cc^2);
D7 = cc;
D8 = sqrt(2) * ac;
I1 = 4; I2 = 8; I3 = 16; I4 = 16; I5 = 8; I6 = 16; I7 = 2; I8 = 4;
for i = 1:6
      for j = 1:18
       for y = 1:18
           for z = 1:18
                  r2(j,y) = 10.^(((D1 - D2) + (Rfe2(y) - RMe
(j)))/0.071);
                 r3(i,y) = 10.^(((D1 - D3) + (Rfe2(y) - Rc(i)))/
0.071);
                 r4(i,j,y,z) = 10.^(((D1 - D4) + (Rfe2(y) + Rfe3
(z) - Rc(i) - RMe(j)))/0.071);
                 r5(i,j,y) = 10.^(((D1 - D5) + (2 * Rfe2(y) - Rc(i) -
RMe(j)))/0.071);
                  r6(j,z) = 10.^(((D1 - D6) + (Rfe3(z) - RMe
(j)))/0.071);
                 r7(i,j,z) = 10.^(((D1 - D7) + (2 * Rfe3(z) - Rc(i) -
RMe(j)))/0.071);
                 r8(i,j,z) = 10.^(((D1 - D8) + (2 * Rfe3(z) - Rc(i) -
RMe(j)))/0.071);

                 n1(i,j,y,z) = (ncc(i) + ncMe(j) + 2 * ncfe2(y) +
ncfe3(z))/(I1 + I2.* r2(j,y) + I3.* r3(i,y) + I4.* r4(i,j,y,z) +
I5.* r5(i,j,y) + I6.* r6(j,z) + I7.* r7(i,j,z) + I8.* r8(i,j,z));
                 n2(i,j,y,z) = n1(i,j,y,z).* r2(j,y);
                 n3(i,j,y,z) = n1(i,j,y,z).* r3(i,y);
                 n4(i,j,y,z) = n1(i,j,y,z).* r4(i,j,y,z);
                 n5(i,j,y,z) = n1(i,j,y,z).* r5(i,j,y);
                 n6(i,j,y,z) = n1(i,j,y,z).* r6(j,z);
```

```
                n7(i,j,y,z)=n1(i,j,y,z).*r7(i,j,z);
                n8(i,j,y,z)=n1(i,j,y,z).*r8(i,j,z);

                D11(i,j,y,z)=Rc(i)+RMe(j)-0.071*log(n1
(i,j,y,z))/log(10);
                D22(i,j,y,z)=Rc(i)+Rfe2(y)-0.071*log(n2
(i,j,y,z))/log(10);
                D33(i,j,y,z)=RMe(j)+Rfe2(y)-0.071*log
(n3(i,j,y,z))/log(10);
                D44(i,j,y,z)=Rfe2(y)+Rfe3(z)-0.071*log
(n4(i,j,y,z))/log(10);
                D55(i,j,y,z)=2*Rfe2(y)-0.071*log(n5(i,
j,y,z))/log(10);
                D66(i,j,y,z)=Rc(i)+Rfe3(z)-0.071*log(n6
(i,j,y,z))/log(10);
                D77(i,j,y,z)=2*Rfe3(z)-0.071*log(n7(i,
j,y,z))/log(10);
                D88(i,j,y,z)=2*Rfe3(z)-0.071*log(n8(i,
j,y,z))/log(10);


                tD1(i,j,y,z)=D1-D11(i,j,y,z);tD2(i,j,y,
z)=D2-D22(i,j,y,z);tD3(i,j,y,z)=D3-D33(i,j,y,z);
                tD4(i,j,y,z)=D4-D44(i,j,y,z);tD5(i,j,y,
z)=D5-D55(i,j,y,z);tD6(i,j,y,z)=D6-D66(i,j,y,z);
                tD7(i,j,y,z)=D7-D77(i,j,y,z);tD8(i,j,y,
z)=D8-D88(i,j,y,z);
            end
        end
    end
end
N=0;
b=0.005;

for i=6
```

```
        for j =1:18
         for y =1:18
             for z =1:18
                                     jihao(i,j,y,z) =100;
                  if abs(tD1(i,j,y,z)) <b&abs(tD2(i,j,y,z)) <
b&abs(tD3(i,j,y,z)) <b&abs(tD4(i,j,y,z)) <b&abs(tD5(i,j,y,
z)) <b&abs(tD6(i,j,y,z)) <b&abs(tD7(i,j,y,z)) <b&abs(tD8(i,
j,y,z)) <b ==1
                      N =N +1;

                       if y >8&z >8&y > =z
                           jihao(i,j,y,z) =tD1(i,j,y,z);
                       end
                  end
              end
          end
      end
  end
  for i =6
        for j =1:18
         for y =1:18
             for z =1:18
                     if jihao(6, j, y, z) = = min(min(min(min
(jihao))))

                      input('i j y z =');
                      i
                      j
                     y
                     z
                      input('nlc(i) nlMe(j) nlFe2(y) nlfe3(z)');
                      nlc(i)
                      nlMe(j)
                      nlfe2(y)
```

```
                nlfe3(z)

                nA = n1(i,j,y,z);
                nB = n2(i,j,y,z);
                nC = n3(i,j,y,z );
                nD = n4(i,j,y,z);
                nE = n5(i,j,y,z);
                nF = n6(i,j,y,z);
                nG = n7(i,j,y,z);
                nH = n8(i,j,y,z);
                end
            end
        end
    end
end
end
```

A.2.4 双合金马氏体

```
function  shuanghehejinMVES
clear all
clc
%n = input('input n:');
l =2;m =1;n =2;t =0;
l1 =1;m1 =1;n1 =4;t1 =1;
Rh =0.1161;
Rt =0.09477;
k(1) =(t1 * l1 +m1 +n1)/(t * l +m +n) * sqrt((l1 +m1 +n1)/(l +m +n)) * (l + sqrt(3 * m) + sqrt(5 * n))/(l1 + sqrt(3 * m1) + sqrt(5 * n1));
k(2) =(t1 * l1 +m1 +n1)/(t * l +m +n) * sqrt((l1 +m1 +n1)/(l +m +n)) * (l + sqrt(3 * m) + sqrt(5 * n))/(l1 + sqrt(3 * m1) - sqrt(5 * n1));
k(3) =(t1 * l1 +m1 +n1)/(t * l +m +n) * sqrt((l1 +m1 +n1)/(l +m +
```

```
n))*(l+sqrt(3*m)+sqrt(5*n))/(l1-sqrt(3*m1)+sqrt(5*n));
    k(4)=(t1*l1+m1+n1)/(t*l+m+n)*sqrt((l1+m1+n1)/(l+m+
n))*(l+sqrt(3*m)+sqrt(5*n))/(l1-sqrt(3*m1)-sqrt(5*
n1));
    k(5)=(t1*l1+m1+n1)/(t*l+m+n)*sqrt((l1+m1+n1)/(l+m+
n))*(l+sqrt(3*m)-sqrt(5*n))/(l1+sqrt(3*m1)+sqrt(5*
n1));
    k(6)=(t1*l1+m1+n1)/(t*l+m+n)*sqrt((l1+m1+n1)/(l+m+
n))*(l+sqrt(3*m)+sqrt(5*n))/(l1+sqrt(3*m1)-sqrt(5*
n1));
    k(7)=(t1*l1+m1+n1)/(t*l+m+n)*sqrt((l1+m1+n1)/(l+m+
n))*(l+sqrt(3*m)-sqrt(5*n))/(l1-sqrt(3*m1)+sqrt(5*
n1));
    k(8)=(t1*l1+m1+n1)/(t*l+m+n)*sqrt((l1+m1+n1)/(l+m+
n))*(l+sqrt(3*m)-sqrt(5*n))/(l1-sqrt(3*m1)-sqrt(5*
n1));
    k(9)=(t1*l1+m1+n1)/(t*l+m+n)*sqrt((l1+m1+n1)/(l+m+
n))*(l-sqrt(3*m)+sqrt(5*n))/(l1+sqrt(3*m1)+sqrt(5*
n1));
    k(10)=(t1*l1+m1+n1)/(t*l+m+n)*sqrt((l1+m1+n1)/(l+
m+n))*(l-sqrt(3*m)+sqrt(5*n))/(l1+sqrt(3*m1)-sqrt(5*
n1));
    k(11)=(t1*l1+m1+n1)/(t*l+m+n)*sqrt((l1+m1+n1)/(l+
m+n))*(l-sqrt(3*m)+sqrt(5*n))/(l1-sqrt(3*m1)+sqrt(5*
n));
    k(12)=(t1*l1+m1+n1)/(t*l+m+n)*sqrt((l1+m1+n1)/(l+
m+n))*(l-sqrt(3*m)+sqrt(5*n))/(l1-sqrt(3*m1)-sqrt(5*
n1));
    k(13)=(t1*l1+m1+n1)/(t*l+m+n)*sqrt((l1+m1+n1)/(l+
m+n))*(l-sqrt(3*m)-sqrt(5*n))/(l1+sqrt(3*m1)+sqrt(5*
n1));
    k(14)=(t1*l1+m1+n1)/(t*l+m+n)*sqrt((l1+m1+n1)/(l+
m+n))*(l-sqrt(3*m)+sqrt(5*n))/(l1+sqrt(3*m1)-sqrt(5*
n1));
```

```
k(15) =(t1 * l1 +m1 +n1)/(t * l +m +n) * sqrt((l1 +m1 +n1)/(l +
m +n)) * (l - sqrt(3 * m) - sqrt(5 * n))/(l1 - sqrt(3 * m1) + sqrt(5 *
n1));
k(16) =(t1 * l1 +m1 +n1)/(t * l +m +n) * sqrt((l1 +m1 +n1)/(l +
m +n)) * (l - sqrt(3 * m) - sqrt(5 * n))/(l1 - sqrt(3 * m1) - sqrt(5 *
n1));
Ct =1. /(1 + k. ^2);
Ct(17) =0;
Ct(18) =1;
Ct =sort(Ct);
Ch =1 - Ct;
ncfe2 =(t * l +m +n). * Ch +(t1 * l1 +m1 +n1). * Ct;
nlfe2 =(1 - t) * l. * Ch +(1 - t1) * l1. * Ct;
ncfe3 =ncfe2;
nlfe3 =nlfe2;
Rfe2 =Ch * Rh +Ct * Rt;
Rfe3 =Rfe2;
input('Cr 1,Ni 2,Mo 3,W 4,V 5,Mn 6,Cu 7,NiB 22 Al 9  Si 12  Zr
15 Sn 14 Fe c 11 Co 171 CoB 17 feA 18')
hejinzhonglei =input('input metal zhonglei:');
[l, m, n, t, l1, m1, n1, t1, Rh, Rt] = tiaochuzahuashuangtai
(hejinzhonglei);
k(1) =(t1 * l1 +m1 +n1)/(t * l +m +n) * sqrt((l1 +m1 +n1)/(l +m +
n)) * (l + sqrt(3 * m) + sqrt(5 * n))/(l1 + sqrt(3 * m1) + sqrt(5 *
n1));
k(2) =(t1 * l1 +m1 +n1)/(t * l +m +n) * sqrt((l1 +m1 +n1)/(l +m +
n)) * (l + sqrt(3 * m) + sqrt(5 * n))/(l1 + sqrt(3 * m1) - sqrt(5 *
n1));
k(3) =(t1 * l1 +m1 +n1)/(t * l +m +n) * sqrt((l1 +m1 +n1)/(l +m +
n)) * (l + sqrt(3 * m) + sqrt(5 * n))/(l1 - sqrt(3 * m1) + sqrt(5 *
n));
k(4) =(t1 * l1 +m1 +n1)/(t * l +m +n) * sqrt((l1 +m1 +n1)/(l +m +
n)) * (l + sqrt(3 * m) + sqrt(5 * n))/(l1 - sqrt(3 * m1) - sqrt(5 *
n1));
```

```
    k(5)=(t1*l1+m1+n1)/(t*l+m+n)*sqrt((l1+m1+n1)/(l+m+n))*(l+sqrt(3*m)-sqrt(5*n))/(l1+sqrt(3*m1)+sqrt(5*n1));
    k(6)=(t1*l1+m1+n1)/(t*l+m+n)*sqrt((l1+m1+n1)/(l+m+n))*(l+sqrt(3*m)+sqrt(5*n))/(l1+sqrt(3*m1)-sqrt(5*n1));
    k(7)=(t1*l1+m1+n1)/(t*l+m+n)*sqrt((l1+m1+n1)/(l+m+n))*(l+sqrt(3*m)-sqrt(5*n))/(l1-sqrt(3*m1)+sqrt(5*n1));
    k(8)=(t1*l1+m1+n1)/(t*l+m+n)*sqrt((l1+m1+n1)/(l+m+n))*(l+sqrt(3*m)-sqrt(5*n))/(l1-sqrt(3*m1)-sqrt(5*n1));
    k(9)=(t1*l1+m1+n1)/(t*l+m+n)*sqrt((l1+m1+n1)/(l+m+n))*(l-sqrt(3*m)+sqrt(5*n))/(l1+sqrt(3*m1)+sqrt(5*n1));
    k(10)=(t1*l1+m1+n1)/(t*l+m+n)*sqrt((l1+m1+n1)/(l+m+n))*(l-sqrt(3*m)+sqrt(5*n))/(l1+sqrt(3*m1)-sqrt(5*n1));
    k(11)=(t1*l1+m1+n1)/(t*l+m+n)*sqrt((l1+m1+n1)/(l+m+n))*(l-sqrt(3*m)+sqrt(5*n))/(l1-sqrt(3*m1)+sqrt(5*n));
    k(12)=(t1*l1+m1+n1)/(t*l+m+n)*sqrt((l1+m1+n1)/(l+m+n))*(l-sqrt(3*m)+sqrt(5*n))/(l1-sqrt(3*m1)-sqrt(5*n1));
    k(13)=(t1*l1+m1+n1)/(t*l+m+n)*sqrt((l1+m1+n1)/(l+m+n))*(l-sqrt(3*m)-sqrt(5*n))/(l1+sqrt(3*m1)+sqrt(5*n1));
    k(14)=(t1*l1+m1+n1)/(t*l+m+n)*sqrt((l1+m1+n1)/(l+m+n))*(l-sqrt(3*m)+sqrt(5*n))/(l1+sqrt(3*m1)-sqrt(5*n1));
    k(15)=(t1*l1+m1+n1)/(t*l+m+n)*sqrt((l1+m1+n1)/(l+m+n))*(l-sqrt(3*m)-sqrt(5*n))/(l1-sqrt(3*m1)+sqrt(5*n1));
    k(16)=(t1*l1+m1+n1)/(t*l+m+n)*sqrt((l1+m1+n1)/(l+m+n))*(l-sqrt(3*m)-sqrt(5*n))/(l1-sqrt(3*m1)-
```

```
sqrt(5 * n1));
    Ct =1./(1 + k.^2);
    Ct(17) =0;
    Ct(18) =1;
    Ct = sort(Ct);
    Ch =1 - Ct;
    ncMe = (t * l + m + n).* Ch + (t1 * l1 + m1 + n1).* Ct;
    nlMe = (1 - t) * l.* Ch + (1 - t1) * l1.* Ct;
    RMe = Ch * Rh + Ct * Rt;

    input('Cr 1,Ni 2,Mo 3,W 4,V 5,Mn 6,Cu 7,NiB 22 Al 9  Si 12
Zr 15 Sn 14 Fe c 11 Co 171 CoB 17 feA 18')
    hejinzhonglei = input('input metal zhonglei:');
    [l, m, n, t, l1, m1, n1, t1, Rh, Rt] = tiaochuzahuashuangtai
(hejinzhonglei);
    k(1) = (t1 * l1 + m1 + n1)/(t * l + m + n) * sqrt((l1 + m1 + n1)/(l + m +
n)) * (l + sqrt(3 * m) + sqrt(5 * n))/(l1 + sqrt(3 * m1) + sqrt(5 *
n1));
    k(2) = (t1 * l1 + m1 + n1)/(t * l + m + n) * sqrt((l1 + m1 + n1)/(l + m +
n)) * (l + sqrt(3 * m) + sqrt(5 * n))/(l1 + sqrt(3 * m1) - sqrt(5 *
n1));
    k(3) = (t1 * l1 + m1 + n1)/(t * l + m + n) * sqrt((l1 + m1 + n1)/(l + m +
n)) * (l + sqrt(3 * m) + sqrt(5 * n))/(l1 - sqrt(3 * m1) + sqrt(5 * n));
    k(4) = (t1 * l1 + m1 + n1)/(t * l + m + n) * sqrt((l1 + m1 + n1)/(l + m +
n)) * (l + sqrt(3 * m) + sqrt(5 * n))/(l1 - sqrt(3 * m1) - sqrt(5 *
n1));
    k(5) = (t1 * l1 + m1 + n1)/(t * l + m + n) * sqrt((l1 + m1 + n1)/(l + m +
n)) * (l + sqrt(3 * m) - sqrt(5 * n))/(l1 + sqrt(3 * m1) + sqrt(5 *
n1));
    k(6) = (t1 * l1 + m1 + n1)/(t * l + m + n) * sqrt((l1 + m1 + n1)/(l + m +
n)) * (l + sqrt(3 * m) + sqrt(5 * n))/(l1 + sqrt(3 * m1) - sqrt(5 *
n1));
    k(7) = (t1 * l1 + m1 + n1)/(t * l + m + n) * sqrt((l1 + m1 + n1)/(l + m +
n)) * (l + sqrt(3 * m) - sqrt(5 * n))/(l1 - sqrt(3 * m1) + sqrt(5 *
```

```
n1));
    k(8) =(t1 * l1 +m1 +n1)/(t * l +m +n) * sqrt((l1 +m1 +n1)/(l +m +
n)) * (l + sqrt(3 * m) - sqrt(5 * n))/(l1 - sqrt(3 * m1) - sqrt(5 *
n1));
    k(9) =(t1 * l1 +m1 +n1)/(t * l +m +n) * sqrt((l1 +m1 +n1)/(l +m +
n)) * (l - sqrt(3 * m) + sqrt(5 * n))/(l1 + sqrt(3 * m1) + sqrt(5 *
n1));
    k(10) =(t1 * l1 +m1 +n1)/(t * l +m +n) * sqrt((l1 +m1 +n1)/
(l +m +n)) * (l - sqrt(3 * m) + sqrt(5 * n))/(l1 + sqrt(3 * m1) -
sqrt(5 * n1));
    k(11) =(t1 * l1 +m1 +n1)/(t * l +m +n) * sqrt((l1 +m1 +n1)/
(l +m +n)) * (l - sqrt(3 * m) + sqrt(5 * n))/(l1 - sqrt(3 * m1) +
sqrt(5 * n));
    k(12) =(t1 * l1 +m1 +n1)/(t * l +m +n) * sqrt((l1 +m1 +n1)/
(l +m +n)) * (l - sqrt(3 * m) + sqrt(5 * n))/(l1 - sqrt(3 * m1) -
sqrt(5 * n1));
    k(13) =(t1 * l1 +m1 +n1)/(t * l +m +n) * sqrt((l1 +m1 +n1)/
(l +m +n)) * (l - sqrt(3 * m) - sqrt(5 * n))/(l1 + sqrt(3 * m1) +
sqrt(5 * n1));
    k(14) =(t1 * l1 +m1 +n1)/(t * l +m +n) * sqrt((l1 +m1 +n1)/
(l +m +n)) * (l - sqrt(3 * m) + sqrt(5 * n))/(l1 + sqrt(3 * m1) -
sqrt(5 * n1));
    k(15) =(t1 * l1 +m1 +n1)/(t * l +m +n) * sqrt((l1 +m1 +n1)/
(l +m +n)) * (l - sqrt(3 * m) - sqrt(5 * n))/(l1 - sqrt(3 * m1) +
sqrt(5 * n1));
    k(16) =(t1 * l1 +m1 +n1)/(t * l +m +n) * sqrt((l1 +m1 +n1)/
(l +m +n)) * (l - sqrt(3 * m) - sqrt(5 * n))/(l1 - sqrt(3 * m1) -
sqrt(5 * n1));
    Ct =1. /(1 +k. ^2);
    Ct(17) =0;
    Ct(18) =1;
    Ct =sort(Ct);
    Ch =1 - Ct;
    ncMe2 =(t * l +m +n). * Ch +(t1 * l1 +m1 +n1). * Ct;
```

```
nlMe2 =(1 -t) * l. * Ch +(1 -t1) * l1. * Ct;
RMe2 =Ch * Rh +Ct * Rt;

Rc =0.0763 * ones(1,6);
ncc =[4    4    4    4    4    4];
nlc =[0    0    0    0    0    0];
tanhanliangw =input('tanhanliangw:');
a =0.28664 -0.0032 * tanhanliangw;
c =a * (1 +0.066 * tanhanliangw);
%a =0.35750 +0.00451 * (0.45 -0.44);
tanhanliangyuanzishu = tanhanliangw/12/(tanhanliangw/12 +
(100 -tanhanliangw)/56) *100;
ac = 1/4 * (5 - 100/tanhanliangyuanzishu) * 0.28664 + 1/4 *
(100/tanhanliangyuanzishu -1) * a;
cc = 1/4 * (5 - 100/tanhanliangyuanzishu) * 0.28664 + 1/4 *
(100/tanhanliangyuanzishu -1) * c;
D1 =1/2 * cc;
D2 =sqrt(2)/2 * ac;
D3 =sqrt(2)/2 * ac;
D4 =sqrt(1/2 * ac^2 +1/4 * cc^2);
D5 =sqrt(1/2 * ac^2 +1/4 * cc^2);
D6 =sqrt(1/2 * ac^2 +1/4 * cc^2);
D7 =sqrt(1/2 * ac^2 +1/4 * cc^2);
D8 =ac;
D9 =sqrt(ac^2 +1/4 * cc^2);
D10 =ac;
D11 =sqrt(2) * ac;
D9 =sqrt(ac^2 +1/4 * cc^2);
D10 =cc;
D11s =sqrt(2) * ac;

I1 =4;I2 =4;I3 =4;I4 =8;I5 =8;I6 =8;
I7 =8;I8 =8;I9 =16;I10 =2;I11 =4;
```

```
    for i =1:6
       for j =1:18
           for x =1:18
               for y =1:18
                   for z =1:18
                         r2(y,z) =10.^(((D1 - D2) + (RMe2(z) - RMe
(y)))/0.071);
                         r3(j,y) =10.^(((D1 - D3) + (Rfe2(j) - RMe
(y)))/0.071);
                         r4(i,z) =10.^(((D1 - D4) + (RMe2(z) - Rc
(i)))/0.071);
                         r5(i,j) =10.^(((D1 - D5) + (Rfe2(j) - Rc
(i)))/0.071);
                         r6(i,x,y,z) =10.^(((D1 - D6) + (RMe2(z) +
Rfe3(x) - Rc(i) - RMe(y)))/0.071);
                         r7(i,j,x,y) =10.^(((D1 - D7) + (Rfe2(j) +
Rfe3(x) - RMe(y) - Rc(i)))/0.071);
                         r8(i,j,y,z) =10.^(((D1 - D8) + (Rfe2(j) +
RMe2(z) - Rc(i) - RMe(y)))/0.071);
                         r9(i,x) =10.^(((D1 - D9) + (Rfe3(x) - Rc
(i)))/0.071);
                         r10(i,j,y) =10.^(((D1 - D10) + (2 * Rfe3(x) -
RMe(y) - Rc(i)))/0.071);
                         r11(i,x,y) =10.^(((D1 - D11s) + (2 * Rfe3(x) -
Rc(i) - RMe(y)))/0.071);

                      n1(i,j,x,y,z) = (ncfe2(j) + ncfe3(x) + ncc
(i) + ncMe(y) + ncMe2(z))/(I1 + I2. * r2(y,z) + I3. * r3(j,y) + I4. *
r4(i,z) + I5. * r5(i,j) + I6. * r6(i,x,y,z) + I7 * r7(i,j,x,y) + I8 *
r8(i,j,y,z) + I9 * r9(i,x) + I10 * r10(i,j,y) + I11 * r11(i,x,y));
                      n2(i,j,x,y,z) = n1(i,j,x,y,z). * r2(y,z);
                      n3(i,j,x,y,z) = n1(i,j,x,y,z). * r3(j,y);
                      n4(i,j,x,y,z) = n1(i,j,x,y,z). * r4(i,z);
                      n5(i,j,x,y,z) = n1(i,j,x,y,z). * r5(i,j);
```

```
                n6(i,j,x,y,z)=n1(i,j,x,y,z).*r6(i,x,
y,z);
                n7(i,j,x,y,z)=n1(i,j,x,y,z).*r7(i,j,
x,y);
                n8(i,j,x,y,z)=n1(i,j,x,y,z).*r8(i,j,
y,z);
                n9(i,j,x,y,z)=n1(i,j,x,y,z).*r9(i,x);
                n10(i,j,x,y,z)=n1(i,j,x,y,z).*r10(i,
j,y);
                n11(i,j,x,y,z)=n1(i,j,x,y,z).*r11(i,
x,y);

                D11(i,j,x,y,z)=Rc(i)+RMe(y)-0.071*
log(n1(i,j,x,y,z))/log(10);
                D22(i,j,x,y,z)=Rc(i)+RMe2(z)-0.071*
log(n2(i,j,x,y,z))/log(10);
                D33(i,j,x,y,z)=Rc(i)+Rfe2(j)-0.071*
log(n3(i,j,x,y,z))/log(10);
                D44(i,j,x,y,z)=RMe(y)+RMe2(z)-0.071*
log(n4(i,j,x,y,z))/log(10);
                D55(i,j,x,y,z)=RMe(y)+Rfe2(j)-0.071*
log(n5(i,j,x,y,z))/log(10);
                D66(i,j,x,y,z)=RMe2(z)+Rfe3(x)-0.071
*log(n6(i,j,x,y,z))/log(10);
                D77(i,j,x,y,z)=Rfe2(j)+Rfe3(x)-0.071
*log(n7(i,j,x,y,z))/log(10);
                D88(i,j,x,y,z)=Rfe2(j)+RMe2(z)-0.071
*log(n8(i,j,x,y,z))/log(10);
                D99(i,j,x,y,z)=Rc(i)+Rfe3(x)-0.071*
log(n9(i,j,x,y,z))/log(10);
                D1010(i,j,x,y,z)=2*Rfe3(x)-0.071*log
(n10(i,j,x,y,z))/log(10);
                D1111(i,j,x,y,z)=2*Rfe3(x)-0.071*log
(n11(i,j,x,y,z))/log(10);
```

```
                        tD1(i,j,x,y,z) = D1 - D11(i,j,x,y,z);tD2
(i,j,x,y,z) = D2 - D22(i,j,x,y,z);tD3(i,j,x,y,z) = D3 - D33(i,
j,x,y,z);
                        tD4(i,j,x,y,z) = D4 - D44(i,j,x,y,z);tD5
(i,j,x,y,z) = D5 - D55(i,j,x,y,z);tD6(i,j,x,y,z) = D6 - D66(i,
j,x,y,z);
                        tD7(i,j,x,y,z) = D7 - D77(i,j,x,y,z);tD8
(i,j,x,y,z) = D8 - D88(i,j,x,y,z);tD9(i,j,x,y,z) = D9 - D99(i,
j,x,y,z);
                        tD10(i,j,x,y,z) = D10 - D1010(i,j,x,y,z);
tD11(i,j,x,y,z) = D11s - D1111(i,j,x,y,z);
                    end
                end
            end
        end
     end

    b =0.005;
    for i =1:6
        for j =1:18
            for x =1:18
                for y =1:18
                    for z =1:18
                        %abs(tD1(i,j,x,y)) <0.005
                         if abs(tD1(i,j,x,y,z)) == min(min(min
(min(min(abs(tD1)))));
                            input('i j x y z =');
                            i
                            j
                            x
                            y
                            z
                            input('nlc(i) nlfec(j) nl(x) nlMe(y)
nlMe2(z) =');
```

```
nlc(i)
nlfe2(j)
nlfe3(x)
nlMe(y)
nlMe2(z)
input('n1 =');
n1(i,j,x,y,z)
input('tD1 =');
tD1(i,j,x,y,z)
input('n2 =');
n2(i,j,x,y,z)
input('n3 =');
n3(i,j,x,y,z)
input('n4 =');
n4(i,j,x,y,z)
input('n5 =');
n5(i,j,x,y,z)
input('n6 =');
n6(i,j,x,y,z)
input('n7 =');
n7(i,j,x,y,z)
input('n8 =');
n8(i,j,x,y,z)
input('n9 =');
n9(i,j,x,y,z)
input('n10 =');
n10(i,j,x,y,z)
input('n11 =');
n11(i,j,x,y,z)
input('nlfec(j) +nl(x) +nlc(i) +nlMe
(y) +nlMe2 =');
nlfe2(j) +nlfe3(x) +nlc(i) +nlMe(y) +
nlMe2(z)
I1 + I2 * r2(x,y) + I3 * r3(i,j,x,y) + I4
```

```
* r4(i,j) + I5 * r5(i,x,y) + I6 * r6(i,x) + I7 * r7(j,y) + I8 * r8(i,j,y) +
I9 * r9(i,x,y) + I10 * r10(i,y)
                        end
                    end
                end
            end
        end
    end
```

附录 B　绝热冲击线靶内压力的计算程序

B.1　计算软件及硬件

同 A.1。

B.2　计算程序

B.2.1　主程序

```
function varargout = juerechongjixianGUI2(varargin)
gui_Singleton = 1;
gui_State = struct('gui_Name',      mfilename,...
                  'gui_Singleton',gui_Singleton,...
                  'gui_OpeningFcn',@ juerechongjixianGUI2_
OpeningFcn,...
                  'gui_OutputFcn',@ juerechongjixianGUI2_
OutputFcn,...
```

```
                    'gui_LayoutFcn',[],...
                    'gui_Callback', []);
    if nargin && ischar(varargin{1})
        gui_State.gui_Callback=str2func(varargin{1});
    end

    if nargout
        [varargout{1:nargout}] = gui_mainfcn(gui_State,
varargin{:});
    else
        gui_mainfcn(gui_State,varargin{:});
    end

    function juerechongjixianGUI2_OpeningFcn(hObject,
eventdata,handles,varargin)
    handles.output=hObject;
    guidata(hObject,handles);
    function varargout = juerechongjixianGUI2_OutputFcn
(hObject,eventdata,handles)
    varargout{1}=handles.output;
    function edit1_Callback(hObject,eventdata,handles)
    function edit1_CreateFcn(hObject,eventdata,handles)
    if ispc
        set(hObject,'BackgroundColor','white');
    else
        set(hObject,'BackgroundColor',get(0,'defaultUicontrol
BackgroundColor'));
    end
    function edit2_Callback(hObject,eventdata,handles)
    function edit2_CreateFcn(hObject,eventdata,handles)
    if ispc
        set(hObject,'BackgroundColor','white');
    else
        set(hObject,'BackgroundColor',get(0,'defaultUicontrol
```

```
BackgroundColor'));
    end
    function edit3_Callback(hObject,eventdata,handles)
    function edit3_CreateFcn(hObject,eventdata,handles)
    if ispc
        set(hObject,'BackgroundColor','white');
    else
        set(hObject,'BackgroundColor',get(0,'defaultUicontrol
BackgroundColor'));
    end
    function edit4_Callback(hObject,eventdata,handles)
    function edit4_CreateFcn(hObject,eventdata,handles)
    if ispc
        set(hObject,'BackgroundColor','white');
    else
        set(hObject,'BackgroundColor',get(0,'defaultUicontrol
BackgroundColor'));
    end
    function edit5_Callback(hObject,eventdata,handles)
    function edit5_CreateFcn(hObject,eventdata,handles)
    if ispc
        set(hObject,'BackgroundColor','white');
    else
        set(hObject,'BackgroundColor',get(0,'defaultUicontrol
BackgroundColor'));
    end
    function edit6_Callback(hObject,eventdata,handles)
    function edit6_CreateFcn(hObject,eventdata,handles)
    if ispc
        set(hObject,'BackgroundColor','white');
    else
        set(hObject,'BackgroundColor',get(0,'defaultUicontrol
BackgroundColor'));
    end
```

```
function edit7_Callback(hObject,eventdata,handles)
function edit7_CreateFcn(hObject,eventdata,handles)
if ispc
    set(hObject,'BackgroundColor','white');
else
    set(hObject,'BackgroundColor',get(0,'defaultUicontrol
BackgroundColor'));
end

function pushbutton1_Callback(hObject,eventdata,handles)
expression1 =get(findobj('Tag','edit1'),'string');
expression1 =str2num(expression1);
expression2 =get(findobj('Tag','edit2'),'string');
expression2 =str2num(expression2);
expression3 =get(findobj('Tag','edit3'),'string');
expression3 =str2num(expression3);
expression4 =get(findobj('Tag','edit4'),'string');
expression4 =str2num(expression4);
expression5 =get(findobj('Tag','edit5'),'string');
expression5 =str2num(expression5);
expression6 =get(findobj('Tag','edit6'),'string');
expression6 =str2num(expression6);
expression7 =get(findobj('Tag','edit7'),'string');
expression7 =str2num(expression7);
[answer1,answer2] =juerechongjixianGUIfujian2(expression1,
expression2,expression3,expression4,expression5,expression6,
expression7);
set(handles.edit8,'string',answer1);
set(handles.edit9,'string',answer2);
function edit8_Callback(hObject,eventdata,handles)
function edit8_CreateFcn(hObject,eventdata,handles)
if ispc
    set(hObject,'BackgroundColor','white');
else
```

```
        set(hObject,'BackgroundColor',get(0,'defaultUicontrol
BackgroundColor'));
    end
    function edit9_Callback(hObject,eventdata,handles)
    function edit9_CreateFcn(hObject,eventdata,handles)
    if ispc
        set(hObject,'BackgroundColor','white');
    else
        set(hObject,'BackgroundColor',get(0,'defaultUicontrol
BackgroundColor'));
    end
```

B.2.2　调用程序 juerechongjixianGUIfujian2.m

```
    function[eta,Ph] = juerechongjixianGUIfujian2(density,E,
Poisson,expansion,Tm,Cp,feipiansudu)

    % 定义参数 a Cv c r T T1 Tm A Cp rr rrr

    % E 弹性模量实测值
    % Cp 定压比容实测值
    % Tm 熔点实测值
    v = Poisson;          %% 泊松比实测值
    p0 = density;         %% 密度实测值
    a = expansion;        %% 体膨胀系数 = 实测线膨胀系数的 3 倍

    T1 = 273.15 + 36;     %% 环境温度实测
    A = 0.0214/Tm;
    Cv = Cp - A * T1 * Cp^2;
    Cv = Cv * 1000;

    K = E/(3 * (1 - 2 * v));
    c0 = sqrt(K/p0);
```

```
T=293.15;        %%室温
rr=roots([a*T 1 -a*c0.^2/Cv]);

for i=1:2
      if rr(i)>0
      r=rr(i);
   end
end

aa=2/3;                              %达麦公式
                                     %4/3 自由体积公式
                                     %0 斯莱特公式
lamda=(r+(aa/2+2/3))/2;
w=feipiansudu;                       %飞片速度设计值
% eta=w/(c0+lamda*w)                 %用粒子速度算体积应变率
eta=w/(2*c0+lamda*w);                %用飞片速度算体积应变率
Ph=p0*c0^2*eta/((1-lamda.*eta)^2);
end
```

图 索 引

表索引